建筑工程框架结构 软件算量教程

张向军　阎俊爱　主编

化学工业出版社

·北京·

本书记录了用软件计算一份工程的全过程，首先告诉你每层要计算哪些工程量，然后讲解用软件怎样计算这些工程量，并给出了详细的操作步骤和标准答案，同时用软件的答案与手工的答案进行对比，对于个别对不上的工程量，说明了原因是什么。本书的目的是让你明白软件是怎么算的。

本书适于工程造价及相关专业读者使用，也可作为相关专业高等院校教材。

图书在版编目（CIP）数据

建筑工程框架结构软件算量教程/张向军，阎俊爱主编．—北京：化学工业出版社，2015.9（2017.10重印）
ISBN 978-7-122-24917-3

Ⅰ.①建⋯　Ⅱ.①张⋯②阎⋯　Ⅲ.①建筑工程-框架结构-结构计算-应用软件-教材　Ⅳ.①TU323.501

中国版本图书馆 CIP 数据核字（2015）第 187892 号

责任编辑：吕佳丽　　　　　　　　　　装帧设计：张　辉
责任校对：王素芹

出版发行：化学工业出版社（北京市东城区青年湖南街13号　邮政编码100011）
印　　刷：北京市振南印刷有限责任公司
装　　订：北京国马印刷厂
787mm×1092mm　1/16　印张12½　字数307千字　2017年10月北京第1版第2次印刷

购书咨询：010-64518888（传真：010-64519686）　售后服务：010-64518899
网　　址：http://www.cip.com.cn
凡购买本书，如有缺损质量问题，本社销售中心负责调换。

定　　价：38.00元

本书编写人员名单

主　编　张向军　　阎俊爱

副主编　王　芳　韩　琪　赵玉强　司马晨

参　编　邓　琳　付淑芳　高　洁　郭　霞　何　芳

　　　　　胡光宇　胡晓娜　亢磊磊　李景林　李　静

　　　　　蒲红娟　杨　波

主　审　张向荣

前　言

　　用软件算量最怕的是什么？不知道软件算得对不对，这是很多人不敢使用软件的真正原因。本书旨在解决这个问题，让读者通过对量学会用软件算量。

　　1. 为什么很多人不敢使用软件？

　　为什么会产生这样的现象，这恰恰是因为软件把一件复杂的事情变得太简单了。广联达图形软件已经把手工繁琐的计算过程变成了非常简单的画图，你只要会用鼠标，能大致看懂图纸，就可以把一个工程做下来，但因为软件把所有的计算过程都隐含到了计算机内部，我们看到的往往是最后的结果。软件虽然也呈现了计算过程，但由于计算过程与手工思路不一样，很多人看不懂。这就造成了人们对软件的计算结果不放心，进而不敢使用软件。

　　2. 本书是怎样解决不敢使用软件的问题的？

　　本书并没有用解释软件的计算过程来解决这个问题，而是用软件的结果与手工的标准答案进行对比。因为手工的计算过程你是清楚的，如果软件的答案与手工的答案完全一致，就证明软件算对了，进而可以证明软件的计算原理是正确的；如果软件的答案与手工的答案对不上，这时候要寻找对不上的原因，知道了原因我们在使用软件时就会通过其他方式来解决问题。通过这个过程，你就掌握了软件的"脾性"，做下一个工程时你就可以熟练驾驭软件，轻松提高工作效率。

　　3. 你通过本书能学到什么？

　　在写作过程中，我也碰到很多量与手工量对不上的情况，这时候我就会仔细检查是手工错了还是软件错了。比如，在计算外墙装修的时候就发现外墙装修的量对不上，经过仔细查对才明白，软件在计算外墙装修时计算了飘窗洞口的侧壁面积；而手工计算并不考虑飘窗洞口的侧壁面积；再比如，软件在计算内墙块料时计算了窗的四边侧壁，而手工在计算有窗台板的窗侧壁时，只计算三边的侧壁面积。这类问题我在写作过程中发现很多，最后都一一解决了，通过这个过程，我对软件的"脾性"摸得更清楚了，明白了软件在很多地方是怎么算的，我相信你使用了这本书也会达到同样的效果。

　　4. 你怎样学习这本书？

　　学习这本书的方法很简单，就是按照书中教你的操作步骤一步一步做下来，只要你做的答案与书中的答案对上了，就证明你做对了；如果你做的答案与书中的答案对不上，说明你做错了，返回去重新计算，直到对上答案为止。如果由于当地定额不同真的对不上，也请你仔细按照当地定额用手工算一遍某个量，找到软件对不上的原因，这对你掌握软件是非常有益的事情。如果你按照我所说的方法来做，你一定会受益匪浅的。

读者可以在当当网、京东网、化学工业出版社天猫网站购买以下算量图书，本套书的电子图纸等在 360 云盘账号：1362669726@qq.com，云盘密码：huagongshe 免费下载：

《建筑工程框架结构软件算量教程》

《框架结构图纸》

《算量就这么简单——剪力墙实例手工算量（练习版）》

《算量就这么简单——剪力墙实例手工算量（答案版）》

《算量就这么简单——剪力墙实例软件算量》

《算量就这么简单——剪力墙实例图纸》

《建筑工程概预算》(阎俊爱主编)

5. 你在学习过程中碰到问题怎么办?

你在学习过程中若遇到任何问题，都可以加企业 QQ800014859 咨询，上班时间有专门的老师在线解答。如果我们没有在线，你可以把问题留下来，说明是哪本书哪一页的问题（问题越具体，越快速回答），我们会在第一时间回答你的问题。

因为本书数据量过大，尽管我们几个人多次校核，也可能会出现疏漏，请在 QQ800014859 上提出来，我们会在第一时间更正，并在再版时修正过来，在此表示感谢。

作者二维码，扫描解答问题

编者

2015 年 7 月

目　录

第一章 新建工程

第一节 打开软件

左键单击电脑屏幕左下角"开始"菜单→单击"所有程序"菜单→单击"广联达建设工程造价管理整体解决方案"下拉菜单→单击"广联达土建算量软件 GCL2013"→弹出"新版特性"右上角的"×"并关闭"新版特性",软件弹出"欢迎使用 GCL2013"界面→单击"新建向导",弹出"新建工程:第一步,工程名称"界面→将工程名称"工程 1"修改成"快算公司培训楼",按所在地区分别选择清单规则、定额规则、清单库、定额库如图 1.1.1 所示。

单击"下一步"进入"新建工程:第二步,工程信息"界面→将第 10 行"室外地坪相对±0.00 标高(m)"修改为"—0.45",(从建筑立面图可查出室外地坪标高),序号 1～9 对工程计算结果无影响不用填写或修改,如图 1.1.2 所示。

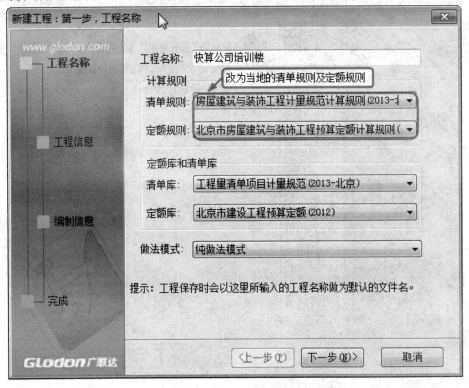

图 1.1.1

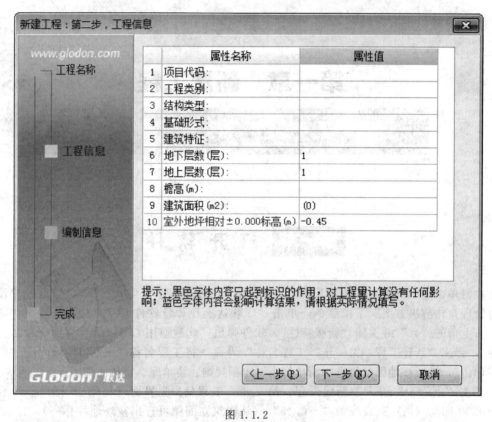

图 1.1.2

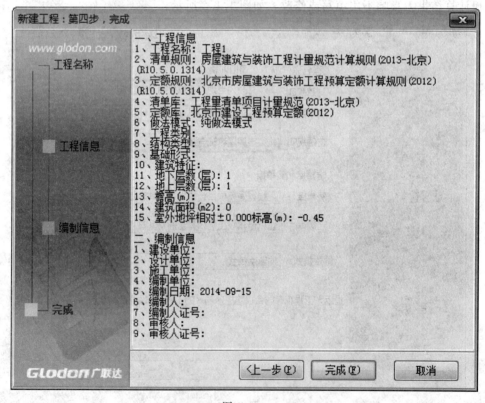

图 1.1.3

单击"下一步"进入"新建工程：第三步，编辑信息"界面→单击"下一步"进入"新建工程：第四步，完成"界面，如图1.1.3所示。

检查一下所填写的信息是否正确，如果不正确，单击"上一步"返回去修改。如果信息正确，单击"完成"进入"楼层信息"界面。

第二节 新 建 楼 层

一般工程计量以结构标高为准，所以使用结构标高建立楼层，从梁配筋图或板配筋图里可查到楼层的结构标高。

一、寻找楼层标高信息

一般工程如果没有地下室，以±0.00为基础和楼层的界面，±0.00以下归入基础，以上归入楼层，按结构层"-0.05"作为基础和楼层的分界点（从房间地面做法里可以推算出来）。

从结施1可以看出筏板基础基础底标高为-1.5（以软件设置为准，不考虑垫层），结构标高为-0.05；

从结施4和结施5可以看出首层结构标高为3.55；

从结施6和结施7可以看出二层结构标高为7.15；

从结施8和结施9可以看出三层结构标高为10.75；

从建施7可以看出女儿墙的高度为600mm；

由此可以算出楼层层高计算表，见表1.2.1。

表1.2.1 楼层层高计算表　　　　　　　单位：m

层 号	层顶结构标高	结构层高	备 注
4	女儿墙顶标高	0.6	
3	10.75	$10.75-7.15=3.6$	
2	7.15	$7.15-3.55=3.6$	
1	3.55	$3.55-(-0.05)=3.6$	
基础层	-0.05	$(-0.05)-(-1.5)=1.45$	

二、建立楼层

根据表1.2.1来建立层高，操作步骤如下。

软件默认鼠标在首层编码位置，单击"插入楼层"按钮3次，出现如图1.2.1所示。

按照表1.2.1给出的数据修改每层的层高，并将首层底标高"0.000"修改为"-0.050"，并将楼层按表1.2.1修改正确，这样每层底标高会自动发生变化，并与图纸一致，如图1.2.2所示。

因为选用的是"纯做法模式"，楼层下面的"标号设置"不会影响工程量，所以"标号设置"数据不用做调整，这样楼层就建立好了。

	楼层序号	名称	层高 (m)	首层	底标高 (m)
1	4	第4层	3.000	☐	9.000
2	3	第3层	3.000	☐	6.000
3	2	第2层	3.000	☐	3.000
4	1	首层	3.000	☑	0.000
5	0	基础层	3.000		-3.000

图 1.2.1

	楼层序号	名称	层高 (m)	首层	底标高 (m)
1	4	屋面层	0.600	☐	10.750
2	3	第3层	3.600	☐	7.150
3	2	第2层	3.600	☐	3.550
4	1	首层	3.600	☑	-0.050
5	0	基础层	1.450		-1.500

图 1.2.2

第三节 新建轴网

单击"绘图输入"进入主界面,单击屏幕左侧"模块导航栏"下的"绘图输入"进入给图输入界面,单击"轴线"下一级"轴网"→单击"构件列表"下的"新建"下拉菜单→单击"新建正交轴网"进入建立轴网界面,软件默认构件名称为"轴网-1",鼠标默认在"下开间"位置,我们根据结施 3"柱定位及平法配筋图"来建立轴网。

单击"插入"按钮,软件会弹出轴距,根据图纸修改下开间数据,如图 1.3.1 所示。

注:此处轴号和轴距都要修改。

单击"左进深"按钮→单击"插入"按钮,软件弹出轴距,根据图纸修改左进深数据,如图 1.3.2 所示。

从结施 3 可以看出,上开间和下开间稍有不同,右进深和左进深一样,所以用相同方法把上开间建立一下。

单击"上开间"按钮→单击"插入"按钮,软件弹出轴距,根据图纸修改左进深数据,如图 1.3.3 所示。

下开间	左进深	上开间
轴号	轴距	级别
1	3300	1
2	6300	1
4	3300	1
5		1

图 1.3.1

下开间	左进深	上开间
轴号	轴距	级别
A	3900	1
B	2400	1
C		1

图 1.3.2

下开间	左进深	上开间
轴号	轴距	级别
1	3300	1
2	1800	1
3	4500	1
3	3300	1
4		1

图 1.3.3

单击屏幕上方的"绘图"按钮，软件会弹出"请输入角度"对话框，如图 1.3.4 所示。

图 1.3.4

因为本图属于正交轴网，轴网与 X 方向的角度为 0，软件默认的角度就是 0，单击"确定"，轴网就立好了，如图 1.3.5 所示。

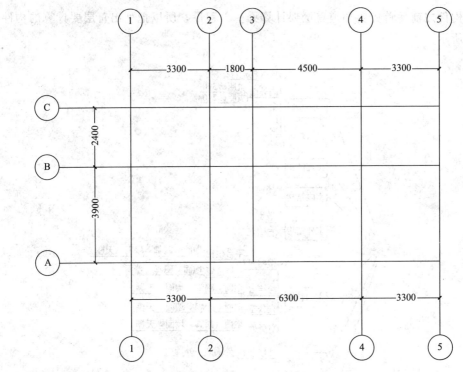

图 1.3.5

轴网建立好后，就可以画每层的构件了，按照手工习惯，一般从基础层开始算起，但是软件一般是根据个人习惯从某一层开始，然后向上或向下复制，利用画好的构件上下复制来提高画图效率。本工程按大多数人的习惯选择从首层开始计算。

第二章　首层工程量计算

第一节　首层要算哪些工程量

在画构件之前，首先要知道首层要计算哪些工程量，所以把列出首层要计算的构件，如图 2.1.1 所示。

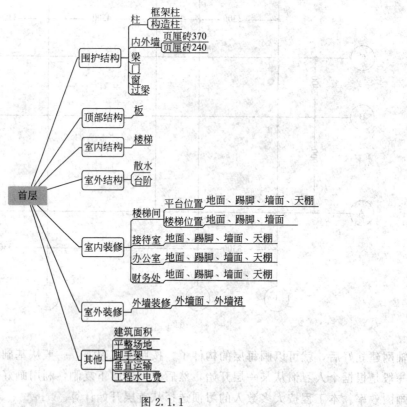

图 2.1.1

用软件画构件，其先后顺序完全由个人习惯来决定，必须依附别的构件，就必须先绘制此构件（比如门窗、过梁、装修必须依附墙，则必须先画墙），其他先画哪个构件结构都相同，本工程按常规顺序绘图：柱→梁→板→页岩砖墙→门→窗→过梁→构造柱→楼梯→室外构件→室内装修→室外装修。过程中根据个人需要可以做调整。

下来开始画首层的构件。

第二节 首层工程量计算

一、画首层柱

根据结施 3 来画首层的框架柱，首先要定义框架柱。

1. 定义框架柱

从结施 3 可以看出，框架柱有 3 种柱子，分别是 KZ1、KZ2、KZ3。先来定义这三种柱。

单击"柱"前面的"▷"号将其展开→单击下一级"柱"，单击"构件列表"下的"新建"下拉菜单→单击"新建矩形柱"，将"KZ-1"改为"KZ1"，截面宽度和截面高度分别改为 500，定义好的 KZ1 如图 2.2.1 所示。

属性名称	属性值	附加
名称	KZ1	
类别	框架柱	☐
材质	预拌混凝土	☐
砼类型	(预拌砼)	☐
砼标号	(C30)	☐
截面宽度 (mm)	500	☐
截面高度 (mm)	500	☐
截面面积 (m2)	0.25	☐
截面周长 (m)	2	☐
顶标高 (m)	层顶标高	☐
底标高 (m)	层底标高	☐
模板类型	复合模扳	☐

图 2.2.1

单击图"定义"按钮进入 KZ1 的"构件做法"界面→单击"查询清单库"进入清单"章节查询"界面→单击"混凝土及钢筋混凝土工程"前面的"▷"号将其展开→单击"现浇混凝土柱"→双击"矩形柱"，"矩形柱"清单子目就上升成为"KZ1"的清单体积子目里了，如图 2.2.2 所示。

单击"项目特征"按钮，软件自动变换到"项目特征"编辑栏→手工填写特征如图 2.2.3 所示。

单击"添加定额"按钮，软件自动在清单下一行弹出白色的定额空白行，如图 2.2.4 所示。

注：全国各地都有自己的当地定额，定额子目号都不相同，为了方便，这里用补充定额来编写。

在"编码"一栏填写"子目 1"→在"项目名称"一栏填写"框架柱体积"→在"单

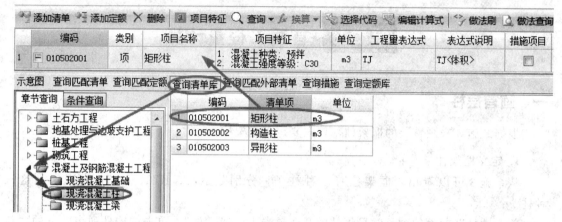

图 2.2.2

图 2.2.3

图 2.2.4

位"一栏选择在"m³",在"工程量表达式"点击"⋯"弹出对话框,如图 2.2.5 所示。

鼠标移动至"体积"位置,单击鼠标左键,单击"选择",再单击"确定","体积"就添加"工程量表达式"上了,如图 2.2.6 所示。

单击"查询措施"进入"措施项目"章节查询→单击"措施项目"前面的"▷"号将其展开→单击"混凝土模板及支架(撑)"→双击"矩形柱",清单子目会自动上升到"KZ1"的做法里→在"项目特征"一栏直接打字添加项目特征为"项目特征",如图 2.2.7 所示。

单击"添加定额"按钮 2 次,软件自动在清单下一行添加两行定额空白行→在"编码"一栏分别填写"子目 1"和"子目 2"→在"项目名称"一栏分别填写"框架柱模板面积"和"模架柱超高模板面积"→单位都选择"m²"→代码分别选择"MBMJ"和"CGMBMJ",如图 2.2.8 所示。

这样 KZ1 的属性和做法就建立好了,建立好的 KZ1 的属性和做法如图 2.2.9 所示。

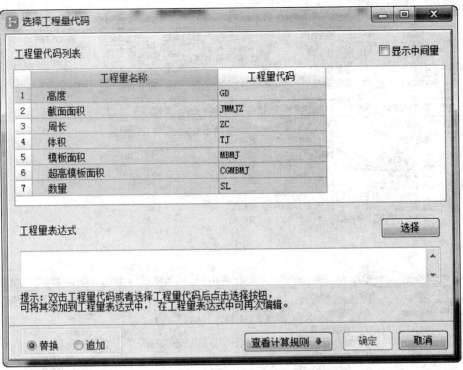

图 2.2.5

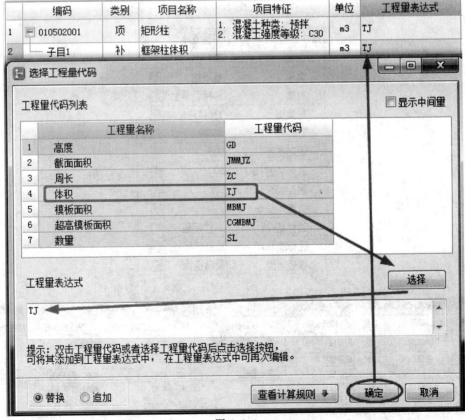

图 2.2.6

	编码	类别	项目名称	项目特征	单位	工程量表达式	表达式说明	措施项目
1	☐ 010502001	项	矩形柱	1. 混凝土种类：预拌 2. 混凝土强度等级：C30	m3	TJ	TJ〈体积〉	☐
2	子目1	补	框架柱体积		m3	TJ	TJ〈体积〉	☐
3	011702002	项	矩形柱	1. 普通模板：	m2	MBMJ	MBMJ〈模板面积〉	☑

示意图 查询匹配清单 查询匹配定额 查询匹配外部清单 查询措施 查询定额库

章节查询	条件查询		编码	清单项	单位
▲ 📁 措施项目		1	011702001	基础	m2
📁 脚手架工程		2	011702002	矩形柱	m2
📁 混凝土模板及支架模		3	011702003	构造柱	m2
📁 垂直运输		4	011702004	异形柱	m2
📁 超高施工增加		5	011702005	基础梁	m2
📁 大型机械设备进出场及安		6	011702006	矩形梁	m2
📁 施工排水、降水		7	011702007	异形梁	m2
📁 安全文明施工及其他措施					

图 2.2.7

	编码	类别	项目名称	项目特征	单位	工程量表达式	表达式说明	措施项目
1	☐ 010502001	项	矩形柱	1. 混凝土种类：预拌 2. 混凝土强度等级：C30	m3	TJ	TJ〈体积〉	☐
2	子目1	补	框架柱体积		m3	TJ	TJ〈体积〉	☐
3	☐ 011702002	项	矩形柱	1. 普通模板：	m2	MBMJ	MBMJ〈模板面积〉	☑
4	子目1	补	框架柱模板面积		m2	MBMJ	MBMJ〈模板面积〉	☑
5	子目2	补	框架柱超高模板面积		m2	CGMBMJ	CGMBMJ〈超高模板面积〉	☑

图 2.2.8

属性名称	属性值	附加
名称	KZ1	
类别	框架柱	☐
材质	预拌混凝土	☐
砼类型	(预拌砼)	☐
砼标号	(C30)	☐
截面宽度 (mm)	500	☐
截面高度 (mm)	500	☐
截面面积 (m2)	0.25	☐
截面周长 (m)	2	☐
顶标高 (m)	层顶标高	☐
底标高 (m)	层底标高	☐
模板类型	复合模板	

	编码	类别	项目名称	项目特征	单位	工程量表达式	表达式说明	措施项目
1	☐ 010502001	项	矩形柱	1. 混凝土种类：预拌 2. 混凝土强度等级：C30	m3	TJ	TJ〈体积〉	☐
2	子目1	补	框架柱体积		m3	TJ	TJ〈体积〉	☐
3	☐ 011702002	项	矩形柱	1. 普通模板：	m2	MBMJ	MBMJ〈模板面积〉	☑
4	子目1	补	框架柱模板面积		m2	MBMJ	MBMJ〈模板面积〉	☑
5	子目2	补	框架柱超高模板面积		m2	CGMBMJ	CGMBMJ〈超高模板面积〉	☑

图 2.2.9

KZ2 和 KZ3 可以利用 KZ1 进行复制，具体操作步骤如下：

单击"KZ1"，点击右键，选择"复制"，软件会自动生成"KZ1-1"，在属性编辑框里我们将其名称改为"KZ2"→敲回车→根据图纸结施 3 将截面宽度改为 400，其它不变，定义好的 KZ2 如图 2.2.10 所示。

属性名称	属性值	附加
名称	KZ2	
类别	框架柱	☐
材质	预拌混凝土	☐
砼类型	(预拌砼)	☐
砼标号	(C30)	☐
截面宽度(mm)	400	☐
截面高度(mm)	500	☐
截面面积(m2)	0.2	☐
截面周长(m)	1.8	☐
顶标高(m)	层顶标高	☐
底标高(m)	层底标高	☐
模板类型	复合模板	☐

🔧 添加清单　🔧 添加定额　✕ 删除　📋 项目特征　🔍 查询▾　⚙ 换算▾　✏ 选择代码　✎ 编辑计算式　⚙ 做法刷　📋 做法查询

	编码	类别	项目名称	项目特征	单位	工程量表达式	表达式说明	措施项目
1	⊟ 010502001	项	矩形柱	1. 混凝土种类：预拌 2. 混凝土强度等级：C30	m3	TJ	TJ<体积>	☐
2	└ 子目1	补	框架柱体积		m3	TJ	TJ<体积>	☐
3	⊟ 011702002	项	矩形柱	1. 普通模板：	m2	MBMJ	MBMJ<模板面积>	☑
4	└ 子目1	补	框架柱模板面积		m2	MBMJ	MBMJ<模板面积>	☑
5	└ 子目2	补	框架柱超高模板面积		m2	CGMBMJ	CGMBMJ<超高模板面积>	☑

图 2.2.10

用同样的方法把 KZ1 复制并修改为 KZ3，修改好的 KZ3 如图 2.2.11 所示。

2. 画框架柱

单击"绘图"按钮进入到绘图界面→单击"KZ1"，鼠标移动到 1/C 处，左手按住 Ctrl 键，单击鼠标左键，会弹出一个框架柱编辑位置对话框，如图 2.2.12 所示。

从结施 3 可以看出，1/C 处 KZ1 与对话框标注完全相同，所以不用修改，敲击"回车"KZ1 就布上了，如果出现偏心柱，可以修改上下左右数据来达到图纸要求。

用同样的方法把其他位置的框架柱按照图纸布置完毕，布置完的框架柱如图 2.2.13 所示。

在英文状态下按"Shift+Z"给图界面会显示柱的名称，便于检查柱画的是否正确。

3. 查看框架柱软件计算结果

单击"汇总计算"按钮，弹出"确定执行计算汇总"对话框，如图 2.2.14 所示。

软件默认汇总就在首层→单击"确定"，等汇总完毕后单击"确定"。

单击"查看工程量"按钮→拉框选择所有画好的柱子，弹出"查看构件图元工程量"对话框→单击"查看工程量"，首层框架柱工程量软件计算结果见表 2.2.1。

单击"退出"按钮，退出"查看构件图元工程量"对话框。

表 2.2.1　首层框架柱工程量汇总表

编　码	项目名称	单　位	工　程　量
010502001	矩形柱	m³	7.632
子目 1	框架柱体积	m³	7.632
011702002	矩形柱	m²	66.24
子目 2	框架柱超高模板面积	m²	7.36
子目 1	框架柱模板面积	m²	66.24

属性名称	属性值	附加
名称	KZ3	
类别	框架柱	☐
材质	预拌混凝土	☐
砼类型	(预拌砼)	☐
砼标号	(C30)	☐
截面宽度 (mm)	400	☐
截面高度 (mm)	400	☐
截面面积 (m2)	0.16	☐
截面周长 (m)	1.6	☐
顶标高 (m)	层顶标高	☐
底标高 (m)	层底标高	☐
模板类型	复合模板	☐

添加清单　添加定额　✕ 删除　项目特征　查询 ▾　换算 ▾　选择代码　编辑计算式　做法刷　做法查询

	编码	类别	项目名称	项目特征	单位	工程量表达式	表达式说明	措施项目
1	⊟ 010502001	项	矩形柱	1. 混凝土种类: 预拌 2. 混凝土强度等级: C30	m3	TJ	TJ〈体积〉	☐
2	└ 子目1	补	框架柱体积		m3	TJ	TJ〈体积〉	☐
3	⊟ 011702002	项	矩形柱	1. 普通模板:	m2	MBMJ	MBMJ〈模板面积〉	☑
4	└ 子目1	补	框架柱模板面积		m2	MBMJ	MBMJ〈模板面积〉	☑
5	└ 子目2	补	框架柱超高模板面积		m2	CGMBMJ	CGMBMJ〈超高模板面积〉	☑

图 2.2.11

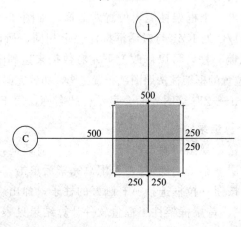

图 2.2.12

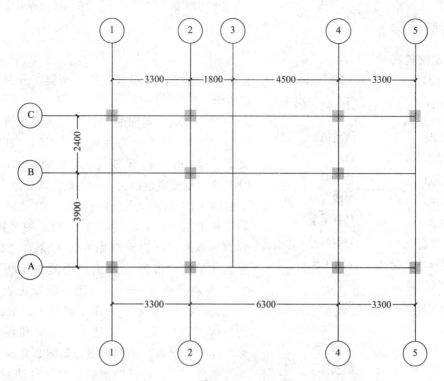

图 2.2.13

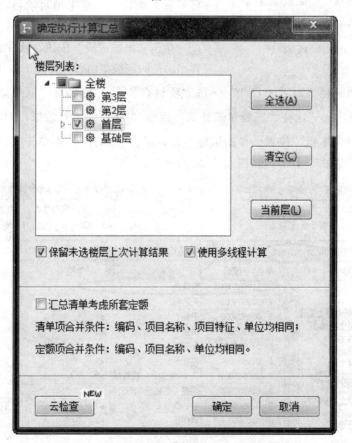

图 2.2.14

二、画首层梁

1. 定义梁

根据结施 4 来画首层框架梁，从结施 4 可以看出，首层有五种框架梁，分别是 KL1～KL5；次梁有一种，为 L1。分别来定义这些梁。

属性名称	属性值	附加
名称	KL1	
类别1	框架梁	☐
类别2	单梁	☐
材质	预拌混凝	☐
砼类型	(预拌砼)	☐
砼标号	(C30)	☐
截面宽度(mm)	370	☐
截面高度(mm)	500	☐
截面面积(m2)	0.185	☐
截面周长(m)	1.74	☐
起点顶标高(m)	层顶标高	☐
终点顶标高(m)	层顶标高	☐
轴线距梁左边线	(185)	☐

图 2.2.15

单击"梁"前面的"▷"号将其展开→单击下一级"梁"，单击"构件列表"下的"新建"下拉菜单→单击"新建矩形梁"，将"KL-1"改为"KL1"，截面宽度改为 370，截面高度改为 500，定义好的 KL1 如图 2.2.15 所示。

单击图"定义"按钮进入 KL1 的"构件做法"界面→单击"查询清单库"进入清单"章节查询"界面→单击"混凝土及钢筋混凝土工程"前面的"▷"号将其展开→单击"现浇混凝土板"→双击"有梁板"，"有梁板"清单子目就上升成为"KL1"的清单子目里了，为了便于区分梁和板的项目名称，在"有梁板"添加后缀，如图 2.2.16 所示。

单击"项目特征"按钮，软件自动变换到"项目特征"编辑栏→手工填写项目特征，如图 2.2.17 所示。

单击"添加定额"按钮，软件自动在清单下一行弹出白色的定额空白行，如图 2.2.18 所示。

在"编码"一栏填写"子目 1"→在"项目名称"一栏填写"框架梁体积"→在"单位"一栏选择在"m³"，在"工程量表达式"点击"⋯"弹出对话框，如图 2.2.19 所示。

鼠标移动至"体积"位置，单击鼠标左键，单击"选择"，再单击"确定"，"体积"就添加"工程量表达式"上了，如图 2.2.20 所示。

🔧 添加清单 🔧 添加定额 ✕ 删除 📋 项目特征 🔍 查询 ▾ 🔄 换算 ▾ ▣ 选择代码 ▣ 编辑计算式 做法刷 做法查询

	编码	类别	项目名称	项目特征	单位	工程量表达式	表达式说明	措施项目
1	010505001	项	有梁板(框架梁)		m3	TJ	TJ<体积>	☐

查询匹配清单 查询匹配定额 查询清单库 查询匹配小部清单 查询措施 查询定额库

章节查询 | 条件查询

▷ 📁 桩基工程
▷ 📁 砌筑工程
　📁 混凝土及钢筋混凝土工程
　📁 现浇混凝土基础
　📁 现浇混凝土柱
　📁 现浇混凝土梁
　📁 现浇混凝土墙
　📁 现浇混凝土板
　📁 现浇混凝土楼梯
　📁 现浇混凝土其他构件
　📁 后浇带
　📁 预制混凝土柱

	编码	清单项	单位
1	010505001	有梁板	m3
2	010505002	无梁板	m3
3	010505003	平板	m3
4	010505004	拱板	m3
5	010505005	薄壳板	m3
6	010505006	栏板	m3
7	010505007	天沟(檐沟)、挑檐板	m3
8	010505008	雨篷、悬挑板、阳台板	m3
9	010505009	空心板	m3
10	010505010	其他板	m3

图 2.2.16

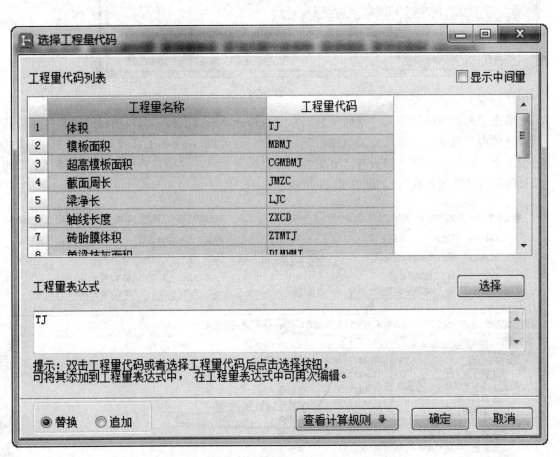

添加清单 添加定额 × 删除 项目特征 查询 ▾ 换算 ▾ 选择代码 编辑计算式 做法刷 做法查询

	编码	类别	项目名称	项目特征	单位	工程量表达式	表达式说明	措施项目
1	010505001	项	有梁板(框架梁)	1. 混凝土种类: 预拌 2. 混凝土强度等级: C30	m3	TJ	TJ〈体积〉	☐

查询匹配清单　查询匹配定额　查询清单库　查询匹配外部清单　查询措施　查询定额库　项目特征

	特征	特征值	输出
1	混凝土种类	预拌	☑
2	混凝土强度等级	C30	☑

图 2.2.17

添加清单 添加定额 × 删除 项目特征 查询 ▾ 换算 ▾ 选择代码 编辑计算式 做法刷 做法查询

	编码	类别	项目名称	项目特征	单位	工程量表达式	表达式说明	措施项目
1	010505001	项	有梁板(框架梁)	1. 混凝土种类: 预拌 2. 混凝土强度等级: C30	m3	TJ	TJ〈体积〉	☐
2		定						☐

图 2.2.18

选择工程量代码

工程量代码列表　　　　☐显示中间量

	工程量名称	工程量代码
1	体积	TJ
2	模板面积	MBMJ
3	超高模板面积	CGMBMJ
4	截面周长	JMZC
5	梁净长	LJC
6	轴线长度	ZXCD
7	砖胎膜体积	ZTMTJ
8	单梁抹灰面积	DLMHMJ

工程量表达式　　　　　　　　　　　　　　　　选择

TJ

提示: 双击工程量代码或者选择工程量代码后点击选择按钮,
可将其添加到工程量表达式中, 在工程量表达式中可再次编辑。

◉ 替换　　○ 追加　　　　　　　查看计算规则 ⬇　　确定　　取消

图 2.2.19

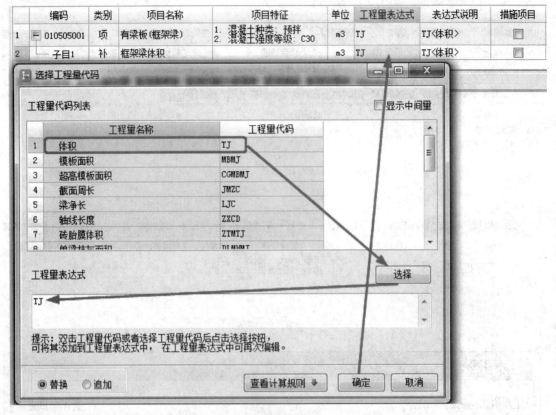

图 2.2.20

单击"查询措施"进入"措施项目"章节查询→单击"措施项目"前面的"▷"号将其展开→单击"混凝土模板及支架（撑）"→双击"有梁板"，清单子目会自动上升到"KL1"的做法里，同样便于区分梁板有"有梁板"加上后缀，→在"项目特征"一栏直接打字添加项目特征为"普通模板"，如图 2.2.21 所示。

图 2.2.21

单击"添加定额"按钮2次,软件自动在清单下一行添加两行定额空白行→在"编码"一栏分别填写"子目1"和"子目2"→在"项目名称"一栏分别填写"框架梁模板面积"和"模架梁超高模板面积"→单位都选择"m²"→代码分别选择"MBMJ"和"CGMBMJ",如图2.2.22所示。

	编码	类别	项目名称	项目特征	单位	工程量表达式	表达式说明	措施项目
1	⊟ 010505001	项	有梁板(框架梁)	1. 混凝土种类:预拌 2. 混凝土强度等级: C30	m3	TJ	TJ〈体积〉	☐
2	子目1	补	框架梁体积		m3	TJ	TJ〈体积〉	☐
3	⊟ 011702014	项	有梁板(框架梁)	1. 普通模板:	m2	MBMJ	MBMJ〈模板面积〉	☑
4	子目1	补	框架梁模板面积		m2	MBMJ	MBMJ〈模板面积〉	☑
5	子目2	补	框架梁超高模板面积		m2	CGMBMJ	CGMBMJ〈超高模板面积〉	☑

图 2.2.22

这样KL1的属性和做法就建立好了,建立好的KL1的属性和做法如图2.2.23所示。

属性名称	属性值	附加
名称	KL1	
类别1	框架梁	☐
类别2	单梁	☐
材质	预拌混凝	☐
砼类型	(预拌砼)	☐
砼标号	(C30)	☐
截面宽度(mm)	370	☐
截面高度(mm)	500	☐
截面面积(m2)	0.185	
截面周长(m)	1.74	
起点顶标高(m)	层顶标高	
终点顶标高(m)	层顶标高	
轴线距梁左边线	(185)	☐

	编码	类别	项目名称	项目特征	单位	工程量表达式	表达式说明	措施项目
1	⊟ 010505001	项	有梁板(框架梁)	1. 混凝土种类:预拌 2. 混凝土强度等级: C30	m3	TJ	TJ〈体积〉	☐
2	子目1	补	框架梁体积		m3	TJ	TJ〈体积〉	☐
3	⊟ 011702014	项	有梁板(框架梁)	1. 普通模板:	m2	MBMJ	MBMJ〈模板面积〉	☑
4	子目1	补	框架梁模板面积		m2	MBMJ	MBMJ〈模板面积〉	☑
5	子目2	补	框架梁超高模板面积		m2	CGMBMJ	CGMBMJ〈超高模板面积〉	☑

图 2.2.23

KL2~KL5可以利用KL1进行复制,具体操作步骤如下:

单击"KL1",点击右键,选择"复制",软件会自动生成"KL1-1",在属性编辑框里将其名称改为"KL2"→敲回车→根据图纸结施3可知KL2和KL1截面完全相同,所以其他信息就不用改动了,定义好的KZ2如图2.2.24所示。

用同样的方法把KL1复制并修改为KL3,修改好的KL3如图2.2.25所示。

属性名称	属性值	附加
名称	KL2	
类别1	框架梁	☐
类别2	单梁	☐
材质	预拌混凝土	☐
砼类型	(预拌砼)	☐
砼标号	(C30)	☐
截面宽度(mm)	370	☐
截面高度(mm)	500	☐
截面面积(m2)	0.185	☐
截面周长(m)	1.74	☐
起点顶标高(m)	层顶标高	☐
终点顶标高(m)	层顶标高	☐
轴线距梁左边线	(185)	☐

	编码	类别	项目名称	项目特征	单位	工程量表达式	表达式说明	措施项目
1	⊟ 010505001	项	有梁板(框架梁)	1. 混凝土种类：预拌 2. 混凝土强度等级：C30	m3	TJ	TJ<体积>	☐
2	└ 子目1	补	框架梁体积		m3	TJ	TJ<体积>	☐
3	⊟ 011702014	项	有梁板(框架梁)	1. 普通模板：	m2	MBMJ	MBMJ<模板面积>	☑
4	└ 子目1	补	框架梁模板面积		m2	MBMJ	MBMJ<模板面积>	☑
5	└ 子目2	补	框架梁超高模板面积		m2	CGMBMJ	CGMBMJ<超高模板面积>	☑

图 2.2.24

属性名称	属性值	附加
名称	KL3	
类别1	框架梁	☐
类别2	单梁	☐
材质	预拌混凝土	☐
砼类型	(预拌砼)	☐
砼标号	(C30)	☐
截面宽度(mm)	370	☐
截面高度(mm)	500	☐
截面面积(m2)	0.185	☐
截面周长(m)	1.74	☐
起点顶标高(m)	层顶标高	☐
终点顶标高(m)	层顶标高	☐
轴线距梁左边	(185)	☐

	编码	类别	项目名称	项目特征	单位	工程量表达式	表达式说明	措施项目
1	⊟ 010505001	项	有梁板(框架梁)	1. 混凝土种类：预拌 2. 混凝土强度等级：C30	m3	TJ	TJ<体积>	☐
2	└ 子目1	补	框架梁体积		m3	TJ	TJ<体积>	☐
3	⊟ 011702014	项	有梁板(框架梁)	1. 普通模板：	m2	MBMJ	MBMJ<模板面积>	☑
4	└ 子目1	补	框架梁模板面积		m2	MBMJ	MBMJ<模板面积>	☑
5	└ 子目2	补	框架梁超高模板面积		m2	CGMBMJ	CGMBMJ<超高模板面积>	☑

图 2.2.25

修改好的 KL4 如图 2.2.26 所示。

修改好的 KL5 如图 2.2.27 所示。

属性名称	属性值	附加
名称	KL4	
类别1	框架梁	☐
类别2	单梁	☐
材质	预拌混凝土	☐
砼类型	(预拌砼)	☐
砼标号	(C30)	☐
截面宽度(mm)	240	☐
截面高度(mm)	500	☐
截面面积(m2)	0.12	☐
截面周长(m)	1.48	☐
起点顶标高(m)	层顶标高	☐
终点顶标高(m)	层顶标高	☐
轴线距梁左边线	(120)	☐

	编码	类别	项目名称	项目特征	单位	工程量表达式	表达式说明	措施项目
1	⊟ 010505001	项	有梁板(框架梁)	1. 混凝土种类: 预拌 2. 混凝土强度等级: C30	m3	TJ	TJ<体积>	☐
2	子目1	补	框架梁体积		m3	TJ	TJ<体积>	☐
3	⊟ 011702014	项	有梁板(框架梁)	1. 普通模板:	m2	MBMJ	MBMJ<模板面积>	☑
4	子目1	补	框架梁模板面积		m2	MBMJ	MBMJ<模板面积>	☑
5	子目2	补	框架梁超高模板面积		m2	CGMBMJ	CGMBMJ<超高模板面积>	☑

图 2.2.26

属性名称	属性值	附加
名称	KL5	
类别1	框架梁	☐
类别2	单梁	☐
材质	预拌混凝土	☐
砼类型	(预拌砼)	☐
砼标号	(C30)	☐
截面宽度(mm)	240	☐
截面高度(mm)	500	☐
截面面积(m2)	0.12	☐
截面周长(m)	1.48	☐
起点顶标高(m)	层顶标高	☐
终点顶标高(m)	层顶标高	☐
轴线距梁左边线	(120)	☐

	编码	类别	项目名称	项目特征	单位	工程量表达式	表达式说明	措施项目
1	⊟ 010505001	项	有梁板(框架梁)	1. 混凝土种类: 预拌 2. 混凝土强度等级: C30	m3	TJ	TJ<体积>	☐
2	子目1	补	框架梁体积		m3	TJ	TJ<体积>	☐
3	⊟ 011702014	项	有梁板(框架梁)	1. 普通模板:	m2	MBMJ	MBMJ<模板面积>	☑
4	子目1	补	框架梁模板面积		m2	MBMJ	MBMJ<模板面积>	☑
5	子目2	补	框架梁超高模板面积		m2	CGMBMJ	CGMBMJ<超高模板面积>	☑

图 2.2.27

L1 也可以用复制的方法，只是要把类别改为"非框架梁"，修改好的 L1 如图 2.2.28 所示。

属性名称	属性值	附加
名称	L1	
类别1	非框架梁	☐
类别2	单梁	☐
材质	预拌混凝土	☐
砼类型	(预拌砼)	☐
砼标号	(C30)	☐
截面宽度(mm)	240	☐
截面高度(mm)	400	☐
截面面积(m2)	0.096	☐
截面周长(m)	1.28	☐
起点顶标高(m)	层顶标高	☐
终点顶标高(m)	层顶标高	☐
轴线距梁左边	(120)	☐

	编码	类别	项目名称	项目特征	单位	工程量表达式	表达式说明	措施项目
1	☐ 010505001	项	有梁板(非框架梁)	1. 混凝土种类：预拌 2. 混凝土强度等级：C30	m3	TJ	TJ〈体积〉	☐
2	└ 子目1	补	非框架梁体积		m3	TJ	TJ〈体积〉	☐
3	☐ 011702014	项	有梁板(非框架梁)	1. 普通模板：	m2	MBMJ	MBMJ〈模板面积〉	☑
4	└ 子目1	补	非框架梁模板面积		m2	MBMJ	MBMJ〈模板面积〉	☑
5	└ 子目2	补	非框架梁超高模板面积		m2	CGMBMJ	CGMBMJ〈超高模板面积〉	☑

图 2.2.28

2. 画梁

（1）先把梁画到轴线上　梁属于线型构件，第一步先把梁画到轴线上，操作步骤如下：

单击"绘图"按钮进入到绘图界面，按照结施 4 首层梁平法配筋图，按先后顺序来画首层梁。

选中"KL1"名称→单击 1/C 交点→单击 5/C 交点→单击右键结束。

选中"KL5"名称→单击 2/B 交点→单击 4/B 交点→单击右键结束。

选中"KL3"名称→单击 1/A 交点→单击 5/A 交点→单击右键结束。

选中"KL2"名称→单击 1/A 交点→单击 1/C 交点→单击右键结束。

选中"KL4"名称→单击 2/A 交点→单击 2/C 交点→单击右键结束。

选中"KL4"名称→单击 4/A 交点→单击 4/C 交点→单击右键结束。

选中"KL2"名称→单击 5/A 交点→单击 5/C 交点→单击右键结束。

选中"L1"名称→单击 3/B 交点→单击 3/C 交点→单击右键结束。

画好的首层梁如图 2.2.29 所示。

在英文状态下按"Shift+L"绘图界面会显示梁的名称，便于对照图纸来检查梁画的是否正确。

（2）偏移梁　梁已经画到轴线上，但并不和图纸相符，我们要按照图纸要求与柱子外皮

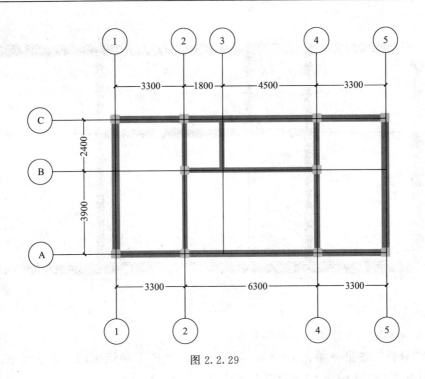

图 2.2.29

对齐，操作步骤如下。

单击"对齐"按钮→选择"单对齐"→单击 1/C 交点处柱子的上皮→单击 1/C 轴 KL1 的上皮，这样 KL1 和柱子外皮就对齐了。

用同样的方法将其他与柱子外皮齐的梁进行"单对齐"，对齐后的梁如图 2.2.30 所示。

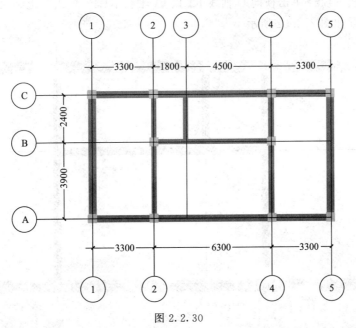

图 2.2.30

（3）延伸梁　这时梁虽然已经偏移到图纸要求的位置，但梁与梁之间并没有相交到中心线，如图 2.2.31 所示（英文状态下按"Z"取消柱显示）。

要将不相交的梁进行延伸，操作步骤如下。

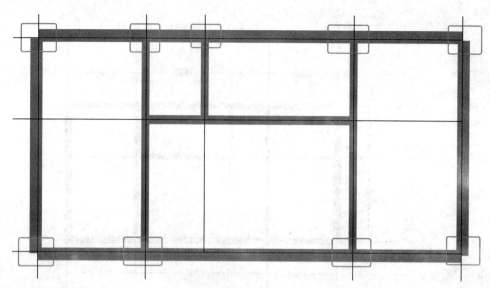

图 2.2.31

注：延伸要先点目的线，再点要延伸的线。

点击"延伸"按钮→单击 C 轴线 KL1→单击竖向 1 轴线 KL2、2 轴线 KL4、4 轴线 KL4、5 轴线 KL2、3 轴线 L1→单击右键结束。

单击 A 轴线 KL3→单击竖向 1 轴线 KL2、2 轴线 KL4、4 轴线 KL4、5 轴线 KL2→单击右键结束。

单击 1 轴线 KL2→单击横向 C 轴线 KL1、A 轴线 KL3→单击右键结束。

单击 5 轴线 KL2→单击横向 C 轴线 KL1、A 轴线 KL3→单击右键结束。

延伸好的梁如图 2.2.32 所示。

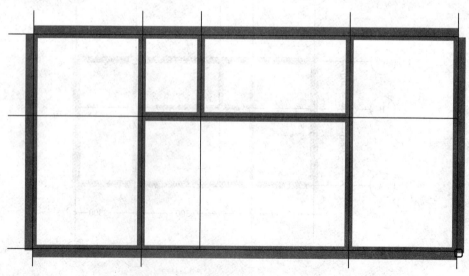

图 2.2.32

3. 查看梁软件汇总结果

汇总结束后，单击"查看工程量"按钮→拉框选择所有画好的梁，弹出"查看构件图元工程量"对话框→单击"查看工程量"，首层框架梁工程量软件计算结果见表 2.2.2。

表 2.2.2 首层框架梁工程量汇总表

编 码	项 目 名 称	单 位	工 程 量
010505001	有梁板(非框架梁)	m³	0.2074
子目1	非框架梁体积	m³	0.2074
011702014	有梁板(非框架梁)	m²	2.2464
子目2	非框架梁超高模板面积	m²	1.728
子目1	非框架梁模板面积	m²	2.2464
010505001	有梁板(框架梁)	m³	8.442
子目1	框架梁体积	m³	8.442
011702014	有梁板(框架梁)	m²	68.384
子目2	框架梁超高模板面积	m²	41.2
子目1	框架梁模板面积	m²	68.384

单击"退出"按钮，退出"查看构件图元工程量"对话框。

三、画首层板

从结施5可以看出，首层顶板有100厚板，120厚板，下面来定义这些板。

1. 定义板

单击"板"前面的"▷"号使其展开→单击下一级的"现浇板"→单击"新建"下拉菜单→单击"新建现浇板"→在"属性编辑框"内改板名称为"XB-100"→填写 XB-100 属性做法，如图 2.2.33 所示。

属性名称	属性值	附加
名称	XB-100	
材质	预拌混凝土	☐
类别	有梁板	☐
砼类型	(预拌砼)	☐
砼标号	(C25)	☐
厚度(mm)	100	☐
顶标高(m)	层顶标高	☐
坡度(°)		☐
是否是楼板	是	☐
是否是空心	否	☐
模板类型	复合模板	☐

	编码	类别	项目名称	项目特征	单位	工程量表达式	表达式说明	措施项目
1	⊟ 010505001	项	有梁板(板)	1.混凝土种类:预拌 2.混凝土强度等级:C30	m3	TJ	TJ<体积>	☐
2	└ 子目1	补	板体积		m3	TJ	TJ<体积>	☐
3	⊟ 011702014	项	有梁板(板)	1.普通模板:	m2	MBMJ	MBMJ<底面模板面积>	☑
4	└ 子目1	补	板模板面积		m2	MBMJ	MBMJ<底面模板面积>	☑
5	└ 子目2	补	板超高模板面积		m2	CGMBMJ	CGMBMJ<超高模板面积>	☑

图 2.2.33

注：板的属性砼标号与说明里不同，而混凝土强度等级在项目特征里体现，属性里砼标号不影响算量，所以不用修改。

用复制的方法建立 XB-120 的属性做法，如图 2.2.34 所示。

属性名称	属性值	附加
名称	XB-120	☐
材质	预拌混凝	☐
类别	有梁板	☐
砼类型	(预拌砼)	☐
砼标号	(C25)	☐
厚度(mm)	120	☐
顶标高(m)	层顶标高	☐
坡度(°)		☐
是否是楼板	是	☐
是否是空心	否	☐
模板类型	复合模扳	☐

	编码	类别	项目名称	项目特征	单位	工程量表达式	表达式说明	措施项目
1	☐ 010505001	项	有梁板(板)	1. 混凝土种类：预拌 2. 混凝土强度等级：C30	m3	TJ	TJ〈体积〉	☐
2	子目1	补	板体积		m3	TJ	TJ〈体积〉	☐
3	☐ 011702014	项	有梁板(板)	1. 普通模板：	m2	MBMJ	MBMJ〈底面模板面积〉	☑
4	子目1	补	板模板面积		m2	MBMJ	MBMJ〈底面模板面积〉	☑
5	子目2	补	板超高模板面积		m2	CGMBMJ	CGMBMJ〈超高模板面积〉	☑

图 2.2.34

阳台板可以从结施 5 可以找得到，可以看出，阳台板的厚度为 100mm，阳台板和梁内板有所不同，除了要计算底部模板面积外，还要计算侧面模板面积。

阳台板清单工程量表达式为"MBMJ＋CMBMJ"，也就是"底面模板面积＋侧面模板面积"，操作步骤和梁内板有所不同，这里介绍下操作步骤。

点开清单模板"工程量表达式"里"⬚"，会弹出对话框，如图 2.2.35 所示。

单击图 2.2.35 的"追加"，然后点击"侧面模板面积"，再点击"选择"，CMBMJ（侧面模板面积）就添加到"工程量表达式"里了，如图 2.2.36 所示。

点击"确定"，阳台的模板面积"工程量表达式"就添加完毕，如图 2.2.37 所示。

同样道理，定额补充子目也可以也可以用同样的方式进行操作，阳台板的属性和做法如图 2.2.38 所示。

注：阳台板没有超高模板模板，它的费用已综合在模板费用里了。

2. 画板

（1）画梁内板　单击"绘图"按钮进入绘图界面→在画"现浇板"的状态下，选中"XB-120"名称单击"点"按钮→单击 1～2/A～C 区域内任意一点（图 2.2.39），这样 1～2/A～C 区域的板就布置完毕。

特别注意一点，有时点击某一区域，会点击不上，如图 2.2.40 所示。

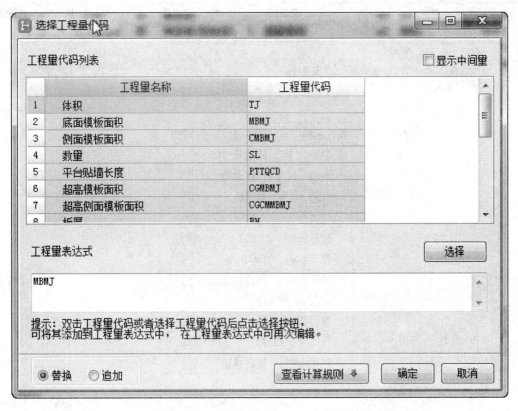

图 2.2.35

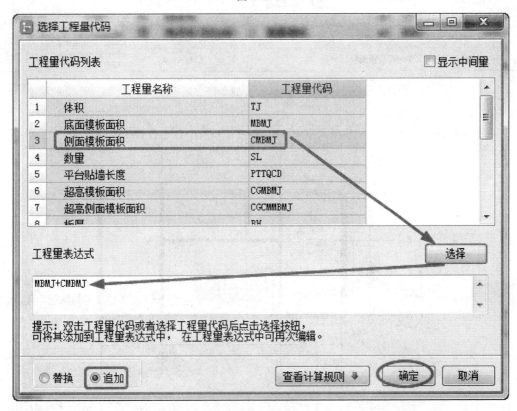

图 2.2.36

	编码	类别	项目名称	项目特征	单位	工程量表达式	表达式说明	措施项目
1	□ 010505001	项	有梁板(阳台板)	1. 混凝土种类: 预拌 2. 混凝土强度等级: C30	m3	TJ	TJ〈体积〉	☐
2	└─ 子目1	补	板体积		m3	TJ	TJ〈体积〉	☐
3	011702014	项	有梁板(阳台板)	1. 普通模板:	m2	MBMJ+CMBMJ	MBMJ〈底面模板面积〉+ CMBMJ〈侧面模板面积〉	☑

图 2.2.37

属性名称	属性值	附加
名称	阳台板-100	
材质	预拌混凝土	☐
类别	有梁板	☐
砼类型	(预拌砼)	☐
砼标号	(C25)	☐
厚度(mm)	100	☐
顶标高(m)	层顶标高	☐
坡度(°)		☐
是否是楼板	是	☐
是否是空心	否	☐
模板类型	复合模板	☐

	编码	类别	项目名称	项目特征	单位	工程量表达式	表达式说明	措施项目
1	□ 010505001	项	有梁板(阳台板)	1. 混凝土种类: 预拌 2. 混凝土强度等级: C30	m3	TJ	TJ〈体积〉	☐
2	└─ 子目1	补	阳台板体积		m3	TJ	TJ〈体积〉	☐
3	□ 011702014	项	有梁板(阳台板)	1. 普通模板:	m2	MBMJ+CMBMJ	MBMJ〈底面模板面积〉+ CMBMJ〈侧面模板面积〉	☑
4	└─ 子目1	补	阳台板模板面积		m2	MBMJ+CMBMJ	MBMJ〈底面模板面积〉+ CMBMJ〈侧面模板面积〉	☑

图 2.2.38

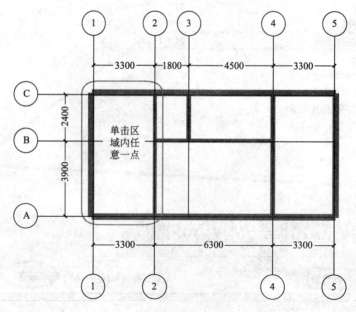

图 2.2.39

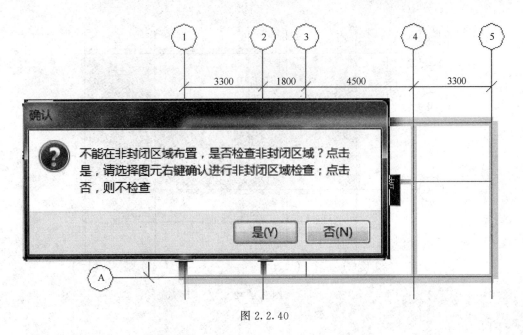

图 2.2.40

出现这种情况是因为点击这块区域不封闭所造成的，这时要进行检查，查看区域是否有不封闭区域（有可能是梁没有延伸相交），将梁进行延伸后然后再操作下一步骤。

用同样的方法布置其他位置的 120mm 厚区域的板，绘制好的 XB-120 板如图 2.2.41 所示。

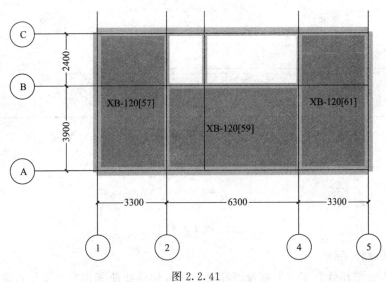

图 2.2.41

用"点"式画法把 XB-100 也绘制上，画好的首层轴线上的板如图 2.2.42 所示。

（2）画阳台板　从结施 5 可以看出，阳板在 A 轴下 2～4 轴之间，阳台边都不在轴线上，如图 2.2.43 所示。

此时需要在阳台的边线打 3 条辅助轴线，操作步骤如下。

单击"平行"按钮→单击 2 轴线，弹出"请输入"对话框→填写偏移值"−30"→单击"确定"→单击 4 轴线，弹出"请输入"对话框→填写偏移值"30"→单击"确定"→单击 A 轴线，弹出"请输入"对话框→填写偏移值"−1450（1200＋250）"→单击"确定"，这

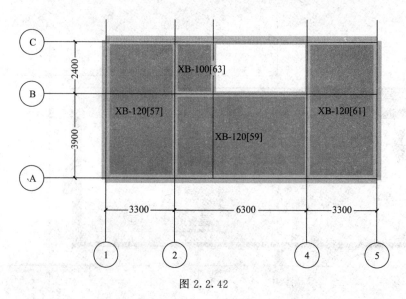

图 2.2.42

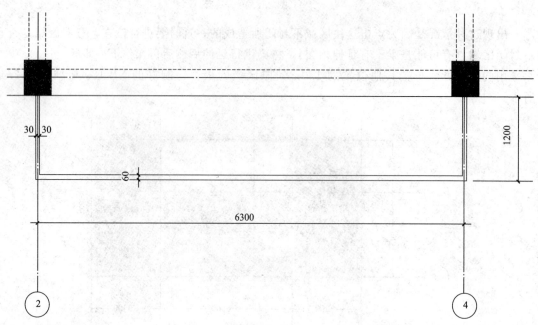

图 2.2.43

样 3 条轴线就做好了。

　　这时虽然轴线都做好了,但都没有相交,要延伸轴线使其相交,操作步骤如下。

　　单轴"轴线"前面的"▷"号使其展开→单击"辅助轴线"→单击"延伸"按钮→单击 A 轴线下面的辅轴→单击 2 轴线左边的辅轴→单击 4 轴线左边的辅轴→单击右键结束,做好的辅助轴线如图 2.2.44 所示。

　　注:1 号交点是 A 轴和 2 轴左辅轴的交点,2 号交点是 A 轴和 4 轴左辅轴的交点。

　　在画"现浇板"状态下,选中"阳台板-100"名称→单击"矩形"按钮→单击 1 号交点→单击 2 号交点→单击右键结束。这样阳台板就画好了,画好的阳台板如图 2.2.45 所示。

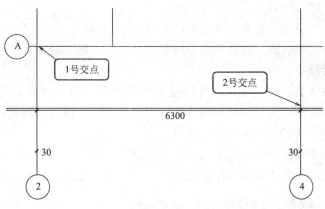

图 2.2.44

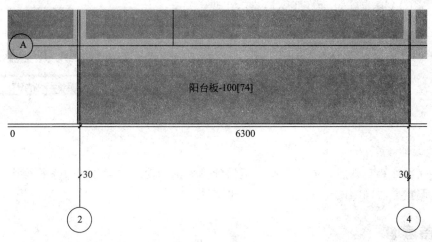

图 2.2.45

3. 查看板软件计算结果

汇总结束后，在画"现浇板"的状态下，单击"查看工程量"→拉框选择所有画好的板，单击"查看构件图元工程量"对话框→单击"做法工程量"，首层板工程量见表 2.2.3。

表 2.2.3　首层板工程量汇总表

编　码	项 目 名 称	单 位	工 程 量
010505001	有梁板（板）	m³	7.449
子目 1	板体积	m³	7.449
011702014	有梁板（板）	m²	62.4128
子目 2	板超高模板面积	m²	62.4128
子目 1	板模板面积	m²	62.4128
010505001	有梁板（阳台板）	m³	0.7632
子目 1	阳台板体积	m³	0.7632
011702014	有梁板（阳台板）	m²	8.508
子目 1	阳台板模板面积	m²	8.508

单击"退出"按钮，退出"查看构件图元工程量"对话框。

4. 修改规则

本次工程内置的是北京定额，各地的定额规则并不相同，所以梁板的扣减关系也不尽相同，许多地区定额把梁板的工程量全汇总到板里面去了，也有的地区梁算至板底，所以根据各地定额规则灵活调整工程量。

如果软件结果与手工对不上量，可以查看计算规则与当地的规定是否相符。如果不相符，可以调整梁板清单计算规则和定额计算规则，这里仅介绍一下调整计算规则方法；如果能对上量，说明计算规则与当地的规定相符。

单击屏幕左侧"模板导航栏"下的"工程设置"→单击"计算规则"→软件默认有"清单规则"的页面上，单击"梁"前面的"▷"将其展开，需要调整的项目如图 2.2.46 所示。

图 2.2.46

调整完梁计算规则后，同样要调整板的计算规则，使之与梁扣减关系符合当地的计算规则要求，调整方法同梁调整方法，这里不再赘述。

四、画首层墙

从建筑总说明里可以看出外墙为 370mm 的页岩砖墙，内墙为 240mm 的页岩砖墙，下面来定义这两种墙体。

1. 定义直形墙

单击"墙"前面的"▷"将其展开→单击下一级"墙"→单击"新建"下拉菜单→单击"新建外墙"，修改墙的名称、类别、材质及厚度，如图 2.2.47 所示。

单击"定义"按钮进入墙的"构件做法"界面，按照前面介绍的方法建立砖墙的做法，建立好的页岩砖墙的做法如图 2.3.48 所示。

用同样的方法定义内墙"页岩砖-240"，建立好的页岩砖墙属性和做法如图 2.2.49 所示。

2. 画墙

（1）先把墙画到轴线上　墙属于线型构件，第一步先把墙画到轴线上，操作步骤如下：

单击"绘图"按钮进入到绘图界面，按照建施 1 首层平面图，按先后顺序来画首层墙。

属性名称	属性值	附加
名称	页岩砖-370	
类别	砖墙	☐
材质	砖	☐
砂浆标号	(M5)	☐
砂浆类型	(混合砂浆)	☐
厚度(mm)	370	☐
轴线距左墙	(185)	☐
内/外墙标	外墙	☑
起点顶标高	层顶标高	☐
终点顶标高	层顶标高	☐
起点底标高	层底标高	☐
终点底标高	层底标高	☐
是否为人防	否	☐

图 2.2.47

	编码	类别	项目名称	项目特征	单位	工程量表达式	表达式说明
1	⊟ 010401003	项	实心砖墙(外墙)	1. 砖品种、规格、强度等级：页岩砖 2. 砂浆强度等级、配合比：M5	m3	TJ	TJ〈体积〉
2	└─ 子目1	补	页岩砖370体积		m3	TJ	TJ〈体积〉

图 2.2.48

属性名称	属性值	附加
名称	页岩砖-240	
类别	砖墙	☐
材质	砖	☐
砂浆标号	(M5)	☐
砂浆类型	(混合砂浆)	☐
厚度(mm)	240	☐
轴线距左墙	(120)	☐
内/外墙标	内墙	☑
起点顶标高	层顶标高	☐
终点顶标高	层顶标高	☐
起点底标高	层底标高	☐
终点底标高	层底标高	☐
是否为人防	否	☐

	编码	类别	项目名称	项目特征	单位	工程量表达式	表达式说明
1	⊟ 010401003	项	实心砖墙(内墙)	1. 砖品种、规格、强度等级：页岩砖 2. 砂浆强度等级、配合比：M5	m3	TJ	TJ〈体积〉
2	└─ 子目1	补	页岩砖240体积		m3	TJ	TJ〈体积〉

图 2.2.49

选中"页岩砖-370"名称→单击 1/C 交点→单击 5/C 交点→单击右键结束。

选中"页岩砖-240"名称→单击 2/B 交点→单击 4/B 交点→单击右键结束。

选中"页岩砖-370"名称→单击 1/A 交点→单击 5/A 交点→单击右键结束。

选中"页岩砖-370"名称→单击 1/A 交点→单击 1/C 交点→单击右键结束。

选中"页岩砖-240"名称→单击 2/A 交点→单击 2/C 交点→单击右键结束。

选中"页岩砖-240"名称→单击 4/A 交点→单击 4/C 交点→单击右键结束。

选中"页岩砖-370"名称→单击 5/A 交点→单击 5/C 交点→单击右键结束。

选中"页岩砖-120"名称→单击 3/B 交点→单击 3/C 交点→单击右键结束。

画好的首层墙如图 2.2.50 所示。

在英文状态下按"Shift＋Q"给图界面会显示墙的名称，便于检查墙画的是否正确。

（2）偏移墙 墙已经画到轴线上，但和图纸并不相符，要按照图纸要求与柱子外皮对齐，操作步骤如下。

在英文状态下按"Z"将柱子显示出来，单击"对齐"按钮→选择"单对齐"→单击1/C交点处柱子的上皮→单击 C 轴页岩砖-370 的上皮，这样页岩砖-370 和柱子外皮就对齐了。

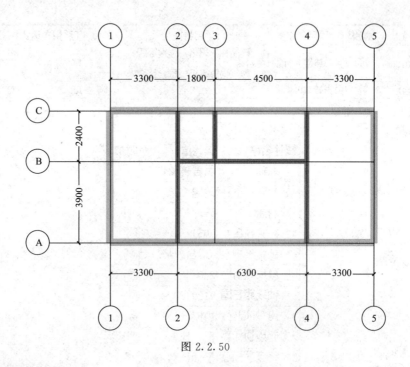

图 2.2.50

　　用同样的方法将其他与柱子外皮齐的墙进行"单对齐"，对齐后的墙体如图 2.2.51 所示。

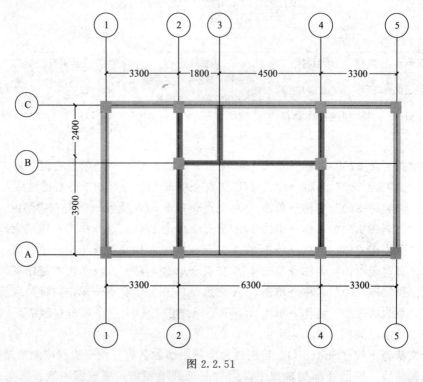

图 2.2.51

　　(3) 延伸墙　这时墙虽然已经偏移到图纸要求的位置，但墙与墙之间并没有相交到中心线，如图 2.2.52 所示（英文状态下按"Z"取消显示）。

　　要将不相交的墙进行延伸，操作步骤同延伸梁方法。延伸好的墙如图 2.2.53 所示。

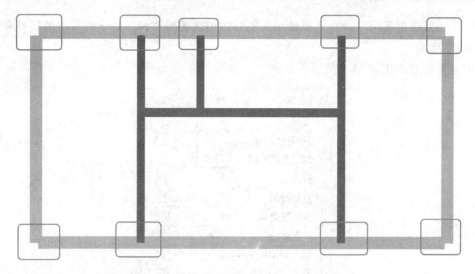

图 2.2.52

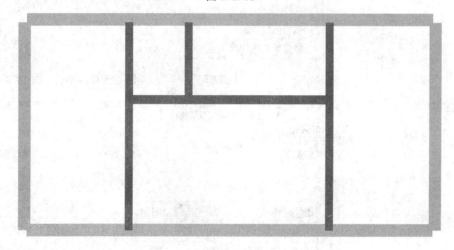

图 2.2.53

3. 查看墙软件汇总结果

汇总结束后，单击"查看工程量"按钮→拉框选择所有画好的墙，弹出"查看构件图元工程量"对话框→单击"查看工程量"，首层页岩砖墙工程量软件计算结果见表 2.2.4。

表 2.2.4　首层页岩砖工程量汇总表

编　码	项目名称	单　位	工　程　量
010401003	实心砖墙(内墙)	m³	14.0837
子目 1	页岩砖 240 体积	m³	14.0837
010401003	实心砖墙(外墙)	m³	39.3762
子目 1	页岩砖 370 体积	m³	39.3762

五、画首层门

从建施 1 首层平面图里可以看出，门有 M-1、M-2、M-3，按照建筑总说明里门窗表来定义。

1. 定义门

单击"门窗洞"前面的"▷"号使其展开→单击下一级的"门"→单击"新建"下拉菜

单→单击"新建矩形门"→在"属性编辑框"内门名称为"M-1"→填写门的属性和做法如图 2.2.54 所示。

用同样的方法建立 M-2 的属性和做法，如图 2.2.55 所示。

属性名称	属性值	附加
名称	M-1	
洞口宽度(mm)	3900	☐
洞口高度(mm)	2700	☐
框厚(mm)	0	☐
立樘距离(mm)	0	☐
离地高度(mm)	0	☐
是否随墙变斜	否	☐
框左右扣尺寸(mm)	0	☐
框上下扣尺寸(mm)	0	☐
框外围面积(m2)	10.53	☐
洞口面积(m2)	10.53	☐
是否为人防构件	否	☐

	编码	类别	项目名称	项目特征	单位	工程量表达式	表达式说明
1	☐ 010802001	项	金属(塑钢)门	1. 门代号：M-1 2. 洞口尺寸：3900*2700 3. 铝合金90系列双扇推拉门：	m2	DKMJ	DKMJ<洞口面积>
2	子目1	补	铝合金90系列双扇推拉门		m2	DKMJ	DKMJ<洞口面积>
3	子目2	补	水泥砂浆后塞口		m2	DKMJ	DKMJ<洞口面积>

图 2.2.54

属性名称	属性值	附加
名称	M-2	
洞口宽度(mm)	900	☐
洞口高度(mm)	2400	☐
框厚(mm)	0	☐
立樘距离(mm)	0	☐
离地高度(mm)	0	☐
是否随墙变斜	否	☐
框左右扣尺寸(	0	☐
框上下扣尺寸(	0	☐
框外围面积(m2	2.16	☐
洞口面积(m2)	2.16	☐
是否为人防构	否	☐

	编码	类别	项目名称	项目特征	单位	工程量表达式	表达式说明
1	☐ 010801001	项	木质门	1. 门代号：M-2 2. 洞口尺寸：900*2400 3. 装饰门	樘	DKMJ	DKMJ<洞口面积>
2	子目1	补	装饰门		m2	DKMJ	DKMJ<洞口面积>
3	子目2	补	水泥砂浆后塞口		m2	DKMJ	DKMJ<洞口面积>

图 2.2.55

M-3 的属性和做法, 如图 2.2.56 所示。

属性名称	属性值	附加
名称	M-3	
洞口宽度 (mm)	750	☐
洞口高度 (mm)	2100	☐
框厚 (mm)	0	☐
立梃距离 (mm)	0	☐
离地高度 (mm)	0	☐
是否随墙变斜	否	☐
框左右扣尺寸 (	0	☐
框上下扣尺寸 (	0	☐
框外围面积 (m2)	1.575	☐
洞口面积 (m2)	1.575	☐
是否为人防构件	否	☐

	编码	类别	项目名称	项目特征	单位	工程量表达式	表达式说明
1	⊟ 010801001	项	木质门	1. 门代号: M-2 2. 洞口尺寸: 900*2400 3. 装饰门:	樘	DKMJ	DKMJ〈洞口面积〉
2	— 子目1	补	装饰门		m2	DKMJ	DKMJ〈洞口面积〉
3	— 子目2	补	水泥砂浆后塞口		m2	DKMJ	DKMJ〈洞口面积〉

图 2.2.56

2. 画门

按照建施1来画门。

在画"门"的状态下, 单击"绘图"按钮进入绘图界面→选中"M-1"名称→单击"精确布置"按钮→选中 A 轴线的墙→单击 2/A 交点, 弹出"请输入偏移值对话框"→按照建施1要求填写值"1200", 如图 2.2.57 所示 (如果出现箭头方向与图 2.2.57 方向相反, 是跟画墙的方向有关, 就应填写"-1200")。

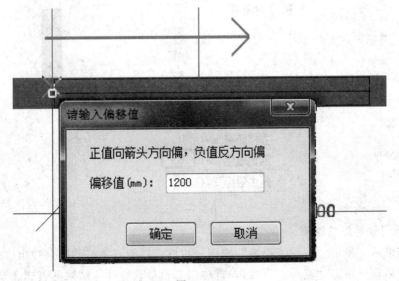

图 2.2.57

点击"确定",门"M-1"就布置上了。

用同样的方法将门"M-2"、门"M-3"画上,画好的门洞如图 2.2.58 所示。

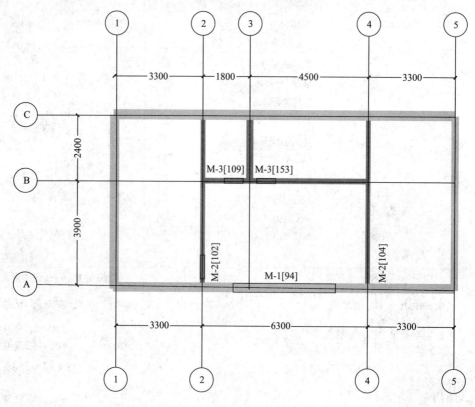

图 2.2.58

3. 修改 M-1 的离地高度

因为 M-1 外侧为台阶部分,也就是说台阶与外墙接触的部分是不做外墙装修的,所以要将外墙的离地高度调整为 50(门底标高为±0.00)。步骤如下:选中 M-1,在其属性里将离地高度修改为 50,如图 2.2.59 所示。

属性名称	属性值
名称	M-1
洞口宽度 (mm)	3900
洞口高度 (mm)	2700
框厚 (mm)	0
立梃距离 (mm)	0
离地高度 (mm)	50
是否随墙变斜	否

图 2.2.59

4. 查看门软件汇总结果

汇总结束后,单击"查看工程量"按钮→拉框选择所有画好的门,弹出"查看构件图元工程量"对话框→单击"查看工程量",首层门工程量软件计算结果见表 2.2.5。

表 2.2.5 首层门工程量汇总表

编码	项目名称	单位	工程量
010802001	金属(塑钢)门	m²	10.53
子目1	铝合金90系列双扇推拉门	m²	10.53
子目2	水泥砂浆后塞口	m²	10.53
010801001	木质门	樘	7.47
子目2	水泥砂浆后塞口	m²	7.47
子目1	装饰门	m²	7.47

六、画首层窗

从建施1首层平面图里可以看出,窗有C-1、C-2,按照建筑总说明里门窗表来定义。

1. 定义窗

单击"门窗洞"前面的"▷"号使其展开→单击下一级的"窗"→单击"新建"下拉菜单→单击"新建矩形窗"→在"属性编辑框"内窗名称为"C-1"→填写窗的属性和做法如图 2.2.60 所示。

属性名称	属性值	附加
名称	C-1	
类别	普通窗	☐
洞口宽度(	1500	☐
洞口高度(	1800	☐
框厚(mm)	0	☐
立樘距离(	0	☐
离地高度(	900	☐
是否随墙变	是	☐
框左右扣尺	0	☐
框上下扣尺	0	☐
框外围面积	2.7	☐
洞口面积(m	2.7	☐
备注		☐

	编码	类别	项目名称	项目特征	单位	工程量表达式	表达式说明
1	010807001	项	金属(塑钢、断桥)窗	1. 洞口尺寸:1500*1800 2. 窗代号:C-1 3. 材质:塑钢推拉窗	樘	DKMJ	DKMJ<洞口面积>
2	子目1	补	塑钢推拉窗		m2	DKMJ	DKMJ<洞口面积>
3	子目2	补	水泥砂浆后塞口		m2	DKMJ	DKMJ<洞口面积>

图 2.2.60

用同样的方法建立C-2的属性和做法,如图 2.2.61 所示。

属性名称	属性值	附加
名称	C-2	
类别	普通窗	☐
洞口宽度（	1800	☐
洞口高度（	1800	☐
框厚(mm)	0	☐
立樘距离（	0	☐
离地高度（	900	☐
是否随墙变	是	☐
框左右扣尺	0	☐
框上下扣尺	0	☐
框外围面积	3.24	☐
洞口面积(m	3.24	☐
备注		☐

	编码	类别	项目名称	项目特征	单位	工程量表达式	表达式说明
1	⊟ 010807001	项	金属（塑钢、断桥）窗	1. 洞口尺寸: 1800*1800 2. 窗代号: C-2 3. 材质: 塑钢推拉窗	樘	DKMJ	DKMJ〈洞口面积〉
2	├ 子目1	补	塑钢推拉窗		m2	DKMJ	DKMJ〈洞口面积〉
3	└ 子目2	补	水泥砂浆后塞口		m2	DKMJ	DKMJ〈洞口面积〉

图 2.2.61

2. 画窗

按照建施 1 来画窗。

画窗的方法和门相同，这里就不一一介绍了，画好的窗洞如图 2.2.62 所示。

3. 查看窗软件汇总结果

汇总结束后，单击"查看工程量"按钮→拉框选择所有画好的窗，弹出"查看构件图元工程量"对话框→单击"查看工程量"，首层窗工程量软件计算结果见表 2.2.6。

表 2.2.6 首层窗工程量汇总表

编 码	项目名称	单 位	工 程 量
010807001	金属（塑钢、断桥）窗	樘	3.24
子目 2	水泥砂浆后塞口	m²	3.24
子目 1	塑钢推拉窗	m²	3.24
010807001	金属（塑钢、断桥）窗	樘	10.8
子目 2	水泥砂浆后塞口	m²	10.8
子目 1	塑钢推拉窗	m²	10.8

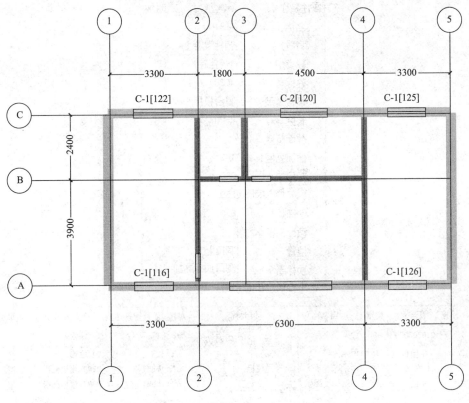

图 2.2.62

七、画首层过梁

从结构总说明（一）里可以看出过梁的信息，过梁根据图纸要求高度是随着门洞宽度变化而变化，按照结构总说明的要求来定义。

1. 定义过梁

单击"门窗洞"前面的"▷"号使其展开→单击下一级的"过梁"→单击"新建"下拉菜单→单击"新建矩形过梁"→在"属性编辑框"内窗名称为"GL-100"→填写门的属性和做法如图 2.2.63 所示。

用同样的方法建立 GL-200、GL-400 的属性和做法，如图 2.2.64、图 2.2.65 所示。

2. 画过梁

按照结构总说明的要求来画过梁。过梁是根据门洞的宽度来决定过梁的高度，可以利用"智能布置"来布置过梁。

在画"过梁"的状态下，单击"绘图"按钮进入绘图界面→选择"GL-100"→点击屏幕上方的"智能布置"，弹出对话框，如图 2.2.66 所示。

选择"按门窗洞口宽度布置"，弹出对话框，如图 2.2.67 所示。

按图 2.2.67 要求来填写数据，点击"确定"，宽度为 1200 以内的门窗洞口就布置上了，如图 2.2.68 所示。

用同样"智能布置"方法将门"GL-200"、门"GL-400"布置上，注意"GL-200"布置条件为"1250～2400"，"GL-400"布置条件为"2450～4000"，画好的过梁如图 2.2.69 所示。

属性名称	属性值	附加
名称	GL-100	
材质	预拌混凝土	☐
砼类型	(预拌砼)	☐
砼标号	(C20)	☐
模板类型	复合模板	☐
长度(mm)	(500)	☐
截面宽度(mm)		☐
截面高度(mm)	100	☐
起点伸入墙内	250	☐
终点伸入墙内	250	☐
截面周长(m)	0.2	☐
截面面积(m2)	0	☐
位置	洞口上方	☐
顶标高(m)	洞口顶标高加	☐
中心线距左墙	(0)	☐

	编码	类别	项目名称	项目特征	单位	工程量表达式	表达式说明	措施项目
1	⊟ 010503005	项	过梁	1. 混凝土种类: 预拌 2. 混凝土强度等级: C20	m3	TJ	TJ<体积>	☐
2	└ 子目1	补	过梁体积		m3	TJ	TJ<体积>	☐
3	⊟ 011702009	项	过梁	1. 普通模板:	m2	MBMJ	MBMJ<模板面积>	☑
4	└ 子目1	补	过梁模反面积		m2	MBMJ	MBMJ<模板面积>	☑

图 2.2.63

属性名称	属性值	附加
名称	GL-200	
材质	预拌混凝土	☐
砼类型	(预拌砼)	☐
砼标号	(C20)	☐
模板类型	复合模板	☐
长度(mm)	(500)	☐
截面宽度(mm)		☐
截面高度(mm)	200	☐
起点伸入墙内	250	☐
终点伸入墙内	250	☐
截面周长(m)	0.4	☐
截面面积(m2)	0	☐
位置	洞口上方	☐
顶标高(m)	洞口顶标高	☐
中心线距左墙	(0)	☐

	编码	类别	项目名称	项目特征	单位	工程量表达式	表达式说明	措施项目
1	⊟ 010503005	项	过梁	1. 混凝土种类: 预拌 2. 混凝土强度等级: C20	m3	TJ	TJ<体积>	☐
2	└ 子目1	补	过梁体积		m3	TJ	TJ<体积>	☐
3	⊟ 011702009	项	过梁	1. 普通模板:	m2	MBMJ	MBMJ<模板面积>	☑
4	└ 子目1	补	过梁模反面积		m2	MBMJ	MBMJ<模板面积>	☑

图 2.2.64

属性名称	属性值	附加
名称	GL-300	
材质	预拌混凝土	☐
砼类型	(预拌砼)	☐
砼标号	(C20)	☐
模板类型	复合模扳	☐
长度 (mm)	(500)	
截面宽度 (mm)		☐
截面高度 (mm)	300	☐
起点伸入墙内	250	☐
终点伸入墙内	250	☐
截面周长 (m)	0.6	☐
截面面积 (m2)	0	☐
位置	洞口上方	☐
顶标高 (m)	洞口顶标高加	☐
中心线距左墙	(0)	☐

	编码	类别	项目名称	项目特征	单位	工程量表达式	表达式说明	措施项目
1	⊟ 010503005	项	过梁	1. 混凝土种类: 预拌 2. 混凝土强度等级: C20	m3	TJ	TJ〈体积〉	☐
2	子目1	补	过梁体积		m3	TJ	TJ〈体积〉	☐
3	⊟ 011702009	项	过梁	1. 普通模板:	m2	MBMJ	MBMJ〈模板面积〉	☑
4	子目1	补	过梁模反面积		m2	MBMJ	MBMJ〈模板面积〉	☑

图 2.2.65

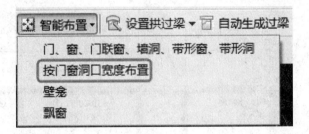

图 2.2.66

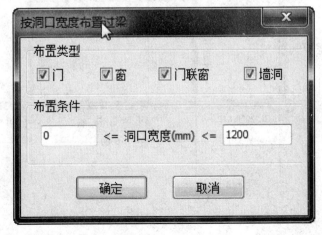

图 2.2.67

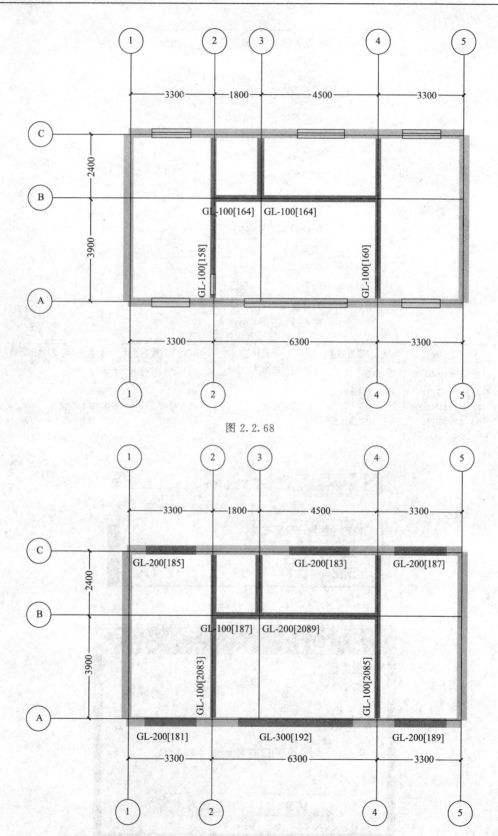

图 2.2.68

图 2.2.69

3. 查看过梁软件汇总结果

汇总结束后，单击"查看工程量"按钮→拉框选择所有画好的过梁，弹出"查看构件图元工程量"对话框→单击"查看工程量"，首层过梁工程量软件计算结果见表2.2.7。

表2.2.7　首层过梁工程量汇总表

编　码	项目名称	单　位	工　程　量
010503005	过梁	m³	1.4467
子目1	过梁体积	m³	1.4467
011702009	过梁	m²	13.277
子目1	过梁模反面积	m²	13.277

八、画首层构造柱

从结构总说明（一）里可以看出构造柱的要求和截面的信息，在墙端部、拐角、纵横墙交接处、十字相交处及墙长超过4m均加构造柱，这就要求我们根据具体图纸灵活地布置。从建施工1首层平面图可以看出，1、5轴线墙中部需要加370×370的构造柱，3/C轴需要加240×370的构造柱、3/B轴交接处需要加240×240的构造柱。按照结构总说明的要求来定义。

1. 定义构造柱

单击"柱"前面的"▷"号使其展开→单击下一级的"构造柱"→单击"新建"下拉菜单→单击"新建矩形构造柱"→在"属性编辑框"内窗名称为"GZ-370×370"→填写构造柱的属性和做法如图2.2.70所示。

属性名称	属性值	附加
名称	GZ-370*370	
类别	带马牙槎	☐
材质	预拌混凝土	☐
砼类型	(预拌砼)	☐
砼标号	(C25)	☐
截面宽度(	370	☐
截面高度(	370	☐
截面面积(m	0.137	☐
截面周长(m	1.48	☐
马牙槎宽度	60	☐
顶标高(m)	层顶标高	☐
底标高(m)	层底标高	☐
模板类型	复合模板	☐

	编码	类别	项目名称	项目特征	单位	工程量表达式	表达式说明	措施项目
1	010502002	项	构造柱	1. 混凝土种类：预拌 2. 混凝土强度等级：C20	m3	TJ	TJ〈体积〉	☐
2	子目1	补	构造柱体积		m3	TJ	TJ〈体积〉	☐
3	011702003	项	构造柱	1. 普通模板：	m2	MBMJ	MBMJ〈模板面积〉	☑
4	子目1	补	构造柱模板面积		m2	MBMJ	MBMJ〈模板面积〉	☐

图2.2.70

用同样的方法建立 GZ-240 × 370、GZ-240 × 240 的属性和做法，如图 2.2.71、图 2.2.72所示。

属性名称	属性值	附加
名称	GZ-240*370	
类别	带马牙槎	☐
材质	预拌混凝土	☐
砼类型	(预拌砼)	☐
砼标号	(C25)	☐
截面宽度(	240	☐
截面高度(	370	☐
截面面积 (m	0.089	☐
截面周长 (m	1.22	☐
马牙槎宽度	60	☐
顶标高(m)	层顶标高	☐
底标高(m)	层底标高	☐
模板类型	复合模板	☐

	编码	类别	项目名称	项目特征	单位	工程量表达式	表达式说明	措施项目
1	⊟ 010502002	项	构造柱	1. 混凝土种类：预拌 2. 混凝土强度等级: C20	m3	TJ	TJ〈体积〉	☐
2	└ 子目1	补	构造柱体积		m3	TJ	TJ〈体积〉	☐
3	⊟ 011702003	项	构造柱	1. 普通模板	m2	MBMJ	MBMJ〈模板面积〉	☑
4	└ 子目1	补	构造柱模板面积		m2	MBMJ	MBMJ〈模板面积〉	☐

图 2.2.71

属性名称	属性值	附加
名称	GZ-240*240	
类别	带马牙槎	☐
材质	预拌混凝土	☐
砼类型	(预拌砼)	☐
砼标号	(C25)	☐
截面宽度(	240	☐
截面高度(	240	☐
截面面积 (m	0.058	☐
截面周长 (m	0.96	☐
马牙槎宽度	60	☐
顶标高(m)	层顶标高	☐
底标高(m)	层底标高	☐
模板类型	复合模板	☐

	编码	类别	项目名称	项目特征	单位	工程量表达式	表达式说明	措施项目
1	⊟ 010502002	项	构造柱	1. 混凝土种类：预拌 2. 混凝土强度等级: C20	m3	TJ	TJ〈体积〉	☐
2	└ 子目1	补	构造柱体积		m3	TJ	TJ〈体积〉	☐
3	⊟ 011702003	项	构造柱	1. 普通模板	m2	MBMJ	MBMJ〈模板面积〉	☑
4	└ 子目1	补	构造柱模板面积		m2	MBMJ	MBMJ〈模板面积〉	☐

图 2.2.72

2. 画构造柱

按照我们上面介绍的位置分别画构造柱。

在画"构造柱"的状态下，单击"绘图"按钮进入绘图界面→选择"GZ-270×370"→在英文状态下点击"L"把梁隐藏→点击屏幕上方的"点"，鼠标移至 1 轴线墙中心线位置，软件会自动捕捉到墙中心的位（如果捕捉不到把绘图区下方的"中点"点开）→单击左键→GZ-270×370 就布置上了，其他位置也参照这个方法，布置好的构造柱如图 2.2.73 所示。

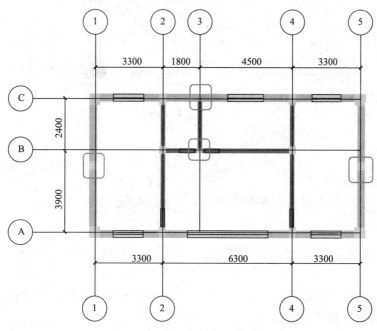

图 2.2.73

3. 查看构造柱软件汇总结果

汇总结束后，单击"查看工程量"按钮→批量选择所有画好的构造柱，弹出"查看构件图元工程量"对话框→单击"查看工程量"，首层构造柱工程量软件计算结果见表 2.2.8。

表 2.2.8　首层构造柱工程量汇总表

编　码	项 目 名 称	单　位	工　程　量
010502002	构造柱	m³	1.5998
子目 1	构造柱体积	m³	1.5998
011702003	构造柱	m²	9.82
子目 1	构造柱模板面积	m²	9.82

九、画首层楼梯

根据结施 16 来画楼梯，楼梯在软件里有三种画法——投影面积画法、直形楼梯画法和参数化楼梯画法，这三种画法都可以算量，相对简单且符合手工习惯的画法为投影面积画法，这里只介绍最简单的投影面积画法。

1. 划分楼梯与楼层的分界线

按照清单规则的要求，与楼层相接的楼梯梁应该归楼梯投影面积，楼层平台板按照板来

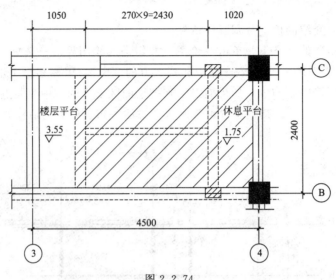

图 2.2.74

计算，那它们的分界线就是楼梯梁靠近板一侧，如图 2.2.74 所示。

从图 2.2.74 中可以看出，图中的阴影部分为楼梯的投影面积。

2. 打辅轴

为了区分楼梯和板的分界线，需要做一道辅助轴线，从 3 轴向右偏移 850(1050-TL1 宽度 200)。

单击屏幕上方的"▦ 平行"按钮→单击 3 轴轴线→软件会弹出对话框→输入偏移距离850，辅助轴线就做好了，如图 2.2.75 所示。

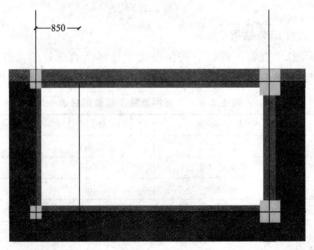

图 2.2.75

3. 画虚墙

（1）定义虚墙 单击"墙"前面的"▷"号使其展开→单击一级的"墙"→单击"新建"下拉的菜单→单击"新建虚墙"→在"属性编辑框"内修改墙名称为"内虚墙"→填写虚墙的属性，如图 2.2.76 所示。

（2）画虚墙 用画墙的方法来画虚墙，如图 2.2.77 所示。

属性名称	属性值	附加
名称	内虚墙	
类别	虚墙	☐
厚度(mm)	0	☐
轴线距左墙	(0)	☐
内/外墙标	内墙	☑
起点顶标高	层顶标高	☐
终点顶标高	层顶标高	☐
起点底标高	层底标高	☐
终点底标高	层底标高	☐
是否为人防	否	☐

图 2.2.76

图 2.2.77

4. 画楼梯及楼层平台板

画楼梯及楼层平台板之前，需要定义楼梯及楼层平台板。而楼梯的装修做法牵扯到楼梯的斜度系数，这里等计算楼梯的斜度系数。

（1）计算楼梯的斜度系数　从结施 9 可以看出，楼梯踏步高为 180，踏步宽为 270，那么楼梯的斜度系数 $\sqrt{270^2+180^2}/270=1.202$。

（2）定义楼梯的属性和做法　单击"楼梯"前左 的"▷"号使其展开→单击下一级的"楼梯"→单击"新建"下拉菜单→单击"新建楼梯"→在"属性编辑框"内改楼梯名称为"楼梯"→填写楼梯的属性和做法，如图 2.2.78 所示。

属性名称	属性值	附加
名称	楼梯	
材质	预拌混凝	☐
砼类型	(预拌砼)	☐
砼标号	(C20)	☐
模板类型	直形楼梯	☐
建筑面积计	不计算	☐

	编码	类别	项目名称	项目特征	单位	工程量表达式	表达式说明
1	⊟ 010506001	项	直形楼梯	1. 混凝土种类：预拌 2. 混凝土强度等级：C30	m2	TYMJ	TYMJ〈水平投影面积〉
2	└ 子目1	补	楼梯混凝土投影面积		m2	TYMJ	TYMJ〈水平投影面积〉
3	⊟ 011702024	项	楼梯	1. 普通模板：	m2	TYMJ	TYMJ〈水平投影面积〉
4	└ 子目1	补	楼梯模板面积		m2	TYMJ	TYMJ〈水平投影面积〉
5	⊟ 011106002	项	块料楼梯面层	1. 楼1：	m2	TYMJ	TYMJ〈水平投影面积〉
6	└ 子目1	补	块料楼梯面层		m2	TYMJ	TYMJ〈水平投影面积〉
7	⊟ 011301001	项	天棚抹灰	1. 棚B：	m2	TYMJ*1.202	TYMJ〈水平投影面积〉*1.202
8	└ 子目1	补	楼梯底部抹灰面积		m2	TYMJ*1.202	TYMJ〈水平投影面积〉*1.202
9	└ 子目2	补	楼梯底部涂料面积		m2	TYMJ*1.202	TYMJ〈水平投影面积〉*1.202

图 2.2.78

注：按照我们对规则的理解，楼梯天棚装修面积＝斜跑实际面积＋休息平台底面积＋楼梯梁侧面积，以上三个面积算起来很麻烦，一般就用楼梯斜度系数近似值来代替。

（3）定义楼梯平台板的属性和做法 楼梯平台板清单规则按板来计算，定额规则各地有差异，有的地区把这块板计入楼梯，有的地区计入板里计算，这里按计入板里计算考虑。

单击"新建"下拉菜单→单击"新建现浇板"→修改属性名称为"楼层平台板100"，建立好的楼层平台板100的属性和做法，如图2.2.79所示。

属性名称	属性值	附加
名称	楼梯平台	
材质	预拌混凝	☐
类别	有梁板	☐
砼类型	(预拌砼)	☐
砼标号	(C25)	☐
厚度(mm)	100	☐
顶标高(m)	层顶标高	☐
坡度(°)		☐
是否是楼板	是	☐
是否是空心	否	☐
模板类型	复合模板	☐

	编码	类别	项目名称	项目特征	单位	工程量表达式	表达式说明	措施项目
1	⊟ 010505001	项	有梁板(楼梯平台板)	1. 混凝土种类：预拌 2. 混凝土强度等级：C30	m3	TJ	TJ<体积>	☐
2	└ 子目1	补	楼梯平台板体积		m3	TJ	TJ<体积>	☐
3	⊟ 011702014	项	有梁板(楼梯平台板)	1. 普通模板：	m2	MBMJ	MBMJ<底面模板面积>	☑
4	└ 子目1	补	楼梯平台板板面积		m2	MBMJ	MBMJ<底面模板面积>	☑
5	└ 子目2	补	楼梯平台板超高模板面积		m2	CGMBMJ	CGMBMJ<超高模板面积>	☑

图 2.2.79

注：这里清单体积和模板面积请加上"楼层平台板"备注，以免与其他板区分开来，方便手工核量。

（4）画楼梯投影面积 在画"楼梯"的状态下，选中"楼梯"名称→单击"点"按钮→单击楼梯投影面积区域，如图2.2.80所示。

（5）画楼层平台板 在画"板"的状态下，选中"楼层平台板-100"名称→单击"点"按钮→单击楼层平台板区域，如图2.2.81所示。

图形绘制完后，删除辅轴以虚墙以保持图形整洁。

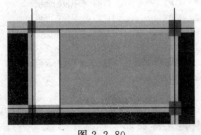

图 2.2.80

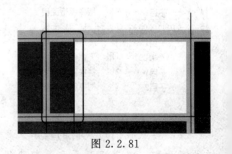

图 2.2.81

5．画梯柱

从结施9可以看出梯柱截面为300×200，梯柱的标高为1.75m。现在来定义TZ1。

（1）定义TZ1的属性和做法 建立梯柱和建立柱子的方法相同，建立好的TZ1的属性和做法如图2.2.82所示。

属性名称	属性值	附加
名称	TZ1	
类别	框架柱	☐
材质	预拌混凝	☐
砼类型	(预拌砼)	☐
砼标号	(C30)	☐
截面宽度(m	300	☐
截面高度(m	200	☐
截面面积(m	0.06	☐
截面周长(m	1	☐
顶标高(m)	1.75	☐
底标高(m)	层底标高	☐
模板类型	复合模板	☐

	编码	类别	项目名称	项目特征	单位	工程量表达式	表达式说明	措施项目
1	⊟ 010502001	项	矩形柱（梯柱）	1. 混凝土种类: 预拌 2. 混凝土强度等级: C30	m3	TJ	TJ〈体积〉	☐
2	└ 子目1	补	梯柱体积		m3	TJ	TJ〈体积〉	☐
3	⊟ 011702002	项	矩形柱（梯柱）	1. 普通模板:	m2	MBMJ	MBMJ〈模板面积〉	☑
4	└ 子目1	补	梯柱模板面积		m2	MBMJ	MBMJ〈模板面积〉	☑

图2.2.82

（2）画TZ1 从结施9可以算出，TZ1的中心点距离4轴线距离为920（1020-梯梁宽一半100），我们做一人辅助轴线，单击"绘图"按钮进入绘图状态，单击主界面"平行"→单击4轴→输入"-920"。

在画"柱"的状态下选中"TZ1"→单击"点"按钮→单击辅助轴线与B、C轴交接处，如图2.2.83所示。

从结施9可以看出，柱子的内皮与梁内皮是对齐的，点击"单对齐"→单击梁内边线，再单击梯柱内边线，这样梯柱与梁就对齐了，如图2.2.84所示。

梯柱画完以后，还有一个梯梁没有画，在这里说明一下，各地的计算规则不同，有的地区计算规则规定梯梁的工程量是要单算的，而有的地区梯梁包含在楼梯的投影面积里，北京规则就是包含在楼梯投影面积里，这里梯梁不再计算（做钢筋预算还是要考虑梯梁的钢筋工程量）。

6．查看楼梯的计算结果

因为楼梯分别用了楼梯的投影面积、板、柱三种构件画的，不能同时在一个界面上查看计算结果，下面分三次来查看。

（1）查看楼梯投影面积软件计算结果 汇总结束后，在画"楼梯"的状态下→单击"查看工程量"按钮→单击画好的楼梯投影面积，弹出"查的构件图元工程量"对话框→单击"做法工程量"，首层楼梯投影面积的工程量见表2.2.9。

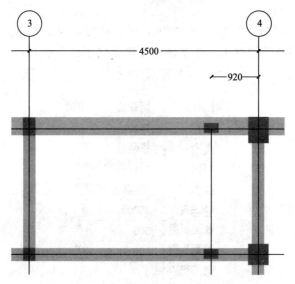

图 2.2.83

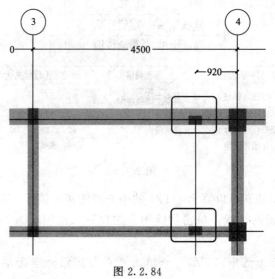

图 2.2.84

表 2.2.9　首层楼梯投影面积的工程量汇总表

编　码	项目名称	单　位	工　程　量
011106002	块料楼梯面层	m²	7.6248
子目1	块料楼梯面层	m²	7.6248
011702024	楼梯	m²	7.6248
子目1	楼梯模板面积	m²	7.6248
011301001	天棚抹灰	m²	9.165
子目1	楼梯底部抹灰面积	m²	9.165
子目2	楼梯底部涂料面积	m²	9.165
010506001	直形楼梯	m²	7.6248
子目1	楼梯混凝土投影面积	m²	7.6248

（2）查看楼梯平台板软件计算结果 在画"现浇板"的状态下→单击"查看工程量"按钮→单击画好的楼梯平台板，弹出"查的构件图元工程量"对话框→单击"做法工程量"，首层楼梯平台板的工程量见表 2.2.10。

表 2.2.10 首层楼梯平台板的工程量汇总表

编　码	项 目 名 称	单　位	工 程 量
010505001	有梁板（楼梯平台板）	m³	0.1577
子目 1	楼梯平台板体积	m³	0.1577
011702014	有梁板（楼梯平台板）	m²	1.5768
子目 1	楼梯平台板面积	m²	1.5768
子目 2	楼梯平台板超高模板面积	m²	1.5768

（3）查看梯柱软件计算结果 在画"柱"的状态下→单击"查看工程量"按钮→批量选择画好的梯柱，弹出"查的构件图元工程量"对话框→单击"做法工程量"，首层梯柱的工程量见表 2.2.11。

表 2.2.11 首层梯柱的工程量汇总表

编　码	项 目 名 称	单　位	工 程 量
010502001	矩形柱（梯柱）	m³	0.216
子目 1	（梯柱）体积	m³	0.216
011702002	矩形柱（梯柱）	m²	3.6
子目 1	（梯柱）模板面积	m²	3.6

十、画台阶

1. 台阶与地面的分界线

从建施 1 可以看到首层的台阶，台阶清单规则是要计算投影面积，以台阶最上一个踏步后推 300 为分界线，这个分界线以外按台阶计算，以内按地面计算，图 2.2.85 为台阶的平面图，图中虚线就是台阶与地面的分界线。

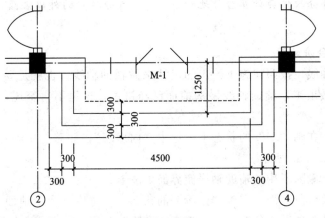

图 2.2.85

2. 定义台阶属性和做法

（1）定义台阶属性和做法　单击"其他"前面的"▷"号使其展开→单击下一级的"台阶"→单击"新建"下拉菜单→单击"新建台阶"→在"属性编辑框"内改名称为"台阶"→填写台阶的属性和做法，如图2.2.86所示。

属性名称	属性值	附加
名称	台阶	
材质	预拌混凝	☐
砼类型	（预拌砼）	☐
砼标号	（C20）	☐
顶标高（m）	层底标高	
台阶高度（	450	☐
踏步个数	3	☐
踏步高度（	150	☐

	编码	类别	项目名称	项目特征	单位	工程量表	表达式说明	措施
1	⊟ 010507004	项	台阶	1. 1.100mmC15碎石混凝土台阶：	m2	MJ	MJ〈台阶整体水平投影面积〉	☐
2	─ 子目1	补	100mmC15碎石混凝土台阶		m2	MJ	MJ〈台阶整体水平投影面积〉	☐
3	─ 子目2	补	300厚3：7灰土垫层		m3	MJ*0.127	MJ〈台阶整体水平投影面积〉*0.127	☐
4	⊟ 011702027	项	台阶	1. 普通模板：	m2	MJ	MJ〈台阶整体水平投影面积〉	☑
5	─ 子目1	补	台阶模板面积		m2	MJ	MJ〈台阶整体水平投影面积〉	☑
6	⊟ 011107004	项	水泥砂浆台阶面		m2	MJ	MJ〈台阶整体水平投影面积〉	☐
7	─ 子目1	补	20mm1：2.5水泥砂浆面层		m2	MJ	MJ〈台阶整体水平投影面积〉	☐

图2.2.86

注：子目中灰土厚0.127为经验数值，有兴趣的读者可以推算一下。

（2）定义台阶地面属性和做法　台阶后面的做法是按照地面规则来处理，还在台阶里来定义，只是把做法换成地面的内容，定义好的台阶地面如图2.2.87所示。

注：注意这里要将台阶地面高度改为450，实际施工台阶地面下为灰土垫层，这里设为450等于把灰土垫层整体考虑，也就是说灰土部分和台阶地面部分都不做外墙装修，如果仅填台阶本身高度部分软件会计算台阶地面下面灰土部分接触的外墙装修，实际上这里不做外墙装修。

3. 画台阶和台阶地面

（1）做辅助轴线　按照建施1给出的尺寸来做辅助轴线，也就是要把图2.2.75中的虚线用辅助辅线要做出来，辅助轴线做法前面已经讲过，这里不再赘述，做好的辅助轴线如图2.2.88所示。

（2）画虚墙　在画"墙"的状态下，选中"内虚墙"，照着图中辅助轴线将台阶的轮廓描绘出来，如图2.2.89所示。

画完虚墙后，删除不用的辅助轴线使界面更清晰。

（3）画台阶及台阶地面　在画"台阶"的状态下，选中"台阶地面"名称→单击"点"按钮→单击台阶地面范围内任意一点→选中"台阶"名称→单击"点"按钮→单击台阶范围内任意一点→单击右键结束。如图2.2.90所示。

属性名称	属性值	附加
名称	台阶地面	
材质	预拌混凝土	☐
砼类型	(预拌砼)	☐
砼标号	(C20)	☐
顶标高(m)	层底标高	☐
台阶高度(mm)	450	☐
踏步个数	1	☐
踏步高度(mm)	450	☐

	编码	类别	项目名称	项目特征	单位	工程量表	表达式说明	措施
1	⊟ 011101001	项	水泥砂浆楼地面	1. 同定额描述:	m2	MJ	MJ<台阶整体水平投影面积>	☐
2	子目1	补	20mm1:2.5水泥砂浆面层		m2	MJ	MJ<台阶整体水平投影面积>	☐
3	子目2	补	100mmC15碎石混凝土垫层		m2	MJ*0.1	MJ<台阶整体水平投影面积>*0.1	☐
4	子目3	补	300厚3:7灰土垫层		m2	MJ*0.3	MJ<台阶整体水平投影面积>*0.3	☐

图 2.2.87

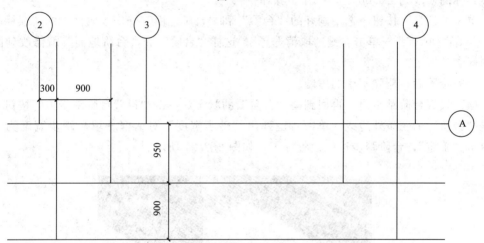

图 2.2.88

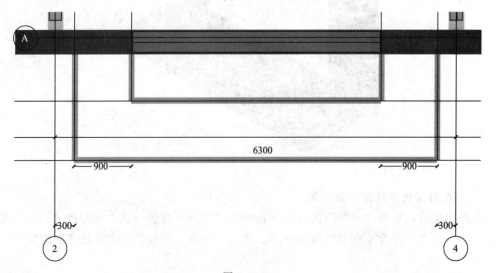

图 2.2.89

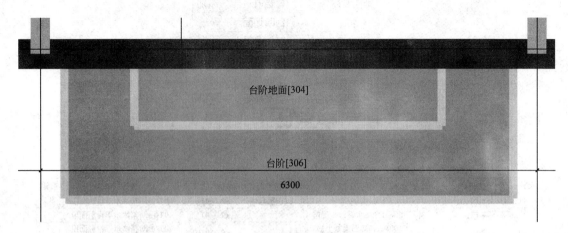

图 2.2.90

这时候"台阶"和"台阶地面"虽然都画好了，但顶标高都在−0.05，与图纸不符，要调整其标高修改到±0.00上，操作步骤如下：

单击"选择"按钮→选中画好的"台阶"和"台阶地面"→修改属性中的"顶标高"为"层底标高＋0.05"→单击右键"取消选择"。这样"台阶"和"台阶地面"就修改到图纸要求的标高位置了。

画完台阶后，删除不用的虚墙。

（4）设置台阶踏步边　再回到画"台阶"的状态，单击"设置台阶踏步边"按钮→分别单击"台阶"的三条外边线→单击右键弹出"踏步宽度"对话框→填写踏步宽度为"300"→单击"确定"，台阶踏步边就设置好了，如图 2.2.91 所示。

图 2.2.91

4. 查看首层台阶软件计算结果

汇总结束后，在画"台阶"的状态下，单击"选择"按钮→选中画好的"台阶"及"台阶地面"→单击"查看工程量"按钮→单击做法工程量，首层"台阶"及"台阶地面"工程量见表 2.2.12。

表 2.2.12　首层"台阶及台阶地面"工程量汇总表

编　码	项目名称	单　位	工　程　量
011101001	水泥砂浆楼地面	m²	2.73
子目 2	100mm C15 碎石混凝土垫层	m²	0.273
子目 1	20mm 1∶2.5 水泥砂浆面层	m²	2.73
子目 3	300 厚 3∶7 灰土垫层	m²	0.819
011107004	水泥砂浆台阶面	m²	6.39
子目 1	20mm 1∶2.5 水泥砂浆面层	m²	6.39
010507004	台阶	m²	6.39
子目 1	100mm C15 碎石混凝土台阶	m²	6.39
子目 2	300 厚 3∶7 灰土垫层	m³	0.8115
011702027	台阶	m²	6.39
子目 1	台阶模板面积	m²	6.39

十一、画散水

1. 定义散水的属性和做法

单击"其他"前面的"▷"使其展开→单击下一级"散水"→单击新建"散水"→在"属性编辑器"内改名称为"散水"→填写散水的属性、做法如图 2.2.92 所示。

属性名称	属性值	附加
名称	散水	☐
材质	预拌混凝	☐
厚度(mm)	80	☐
砼类型	(预拌砼)	☐
砼标号	(C20)	☐

	编码	类别	项目名称	项目特征	单位	工程量表达式	表达式说明	措施项目
1	010507001	项	散水、坡道	1. 同定额描述:	m2	MJ	MJ〈面积〉	☐
2	子目1	补	1:1水泥砂浆面层一次抹光		m2	MJ	MJ〈面积〉	☐
3	子目2	补	80mmC15碎石混凝土散水		m3	MJ*0.06	MJ〈面积〉*0.06	☐
4	子目3	补	素土夯实		m2	MJ	MJ〈面积〉	☐
5	子目4	补	沥青砂浆贴墙伸缩缝长度		m	TQCD	TQCD〈贴墙长度〉	☐

图 2.2.92

注：图纸中沥青砂浆贴墙伸缩缝一般没有说明，这种做法为常规施工做法，另外 4 个拐角有 4 条斜缝，超过 6m 设一道隔断伸缩缝，与台阶相邻处有相邻伸缩缝。

2. 画散水

在画"散水"的状态下，选中"散水"名称→单击"智能布置"下拉菜单→单击"外墙外边线"，弹出"请输入宽度"对话框→填写散水宽度为"600"→单击"确定"，散水就布置好了，如图 2.2.93 所示。

（1）计算散水伸缩缝：散水除了有贴墙伸缩缝之外，还有隔断伸缩缝，而在画散水的时候只计算了贴墙伸缩缝，没有计算隔断伸缩缝和相邻伸缩缝，软件在绘图部分没有这个代

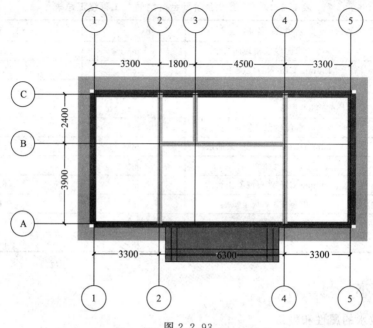

图 2.2.93

码，这个量可以用自定义线画画，也可以表格计算，相当于手工计算。本书用比较简单的表格输入法来计算，具体操作步骤如下。

单击模块导航栏的"表格输入"→单击"其他"前面的"▷"号使其展开→单击下一级"散水"→单击"新建"，软件会自动生成名称"SS-1"→我们将其名称修改为"散水伸缩缝"→填写伸缩缝的做法，如图 2.2.94 所示。

构件列表			添加清单 添加定额 × 删除 项目特征 查询 换算 编辑计算式 做法刷						
新建 × 删除			编码	类别	项目名称	项目特征	单位	工程量表达式	工程量
名称	数量	1	B-001	补项	散水伸缩缝长度	1. 沥清砂浆:	m	1.414*0.6*4+4*0.6+2*0.6	6.9936
1 散水伸缩缝	1	2	子目1	补	拐角处		m	1.414*0.6*4	3.3936
		3	子目2	补	超过6m隔断处		m	4*0.6	2.4
		4	子目3	补	与台阶相邻处		m	2*0.6	1.2

图 2.2.94

3. 查看散水软件计算结果

（1）查看散水绘图软件计算结果　汇总结束后，在画"散水"的状态下，单击"选择"按钮→选中画好的"散水"→单击"查看工程量"按钮→单击做法工程量，首层"散水"工程量见表 2.2.13。

表 2.2.13　首层"散水"工程量汇总表

编　码	项目名称	单　位	工　程　量
010507001	散水、坡道	m²	22.26
子目1	1:1水泥砂浆面层一次抹光	m²	22.26
子目2	80mm C15 碎石混凝土散水	m³	1.3356
子目3	素土夯实	m²	22.26
子目4	沥青砂浆贴墙伸缩缝长度	m	34.7

（2）查看散水表格输入软件计算结果　表格输入实际就是手工的工程量，只要列好公式，软件会自动计算出工程量。如图2.2.95所示。

	编码	类别	项目名称	项目特征	单位	工程量表达式	工程量
1	B-001	补项	散水伸缩缝长度	1. 沥清砂浆:	m		
2	子目1	补	拐角处		m	1.414*0.6*4	3.3936
3	子目2	补	超过6m隔断处		m	4*0.6	2.4
4	子目3	补	与台阶相邻处		m	2*0.6	1.2

图 2.2.95

十二、首层主体部分手工软件对比

汇总结束后，点击"报表预览"，软件默认的是"实体项目"，在"绘图输入"和"表格输入"里面的设置构件范围的"首层"前面都打上钩，点击"确定"，软件默认的是"清单汇总表"。为了和手工对比方便，选用"清单定额汇总表"，首层的清单和定额工程量就呈现出来了，软件也和手工进行对比，见表2.2.14。

表 2.2.14　首层主体实体软件和手工工程量对比

序号	编码	项目名称	单位	软件工程量	手工工程量
1	010401003001	实心砖墙（外墙） 1. 砖品种、规格、强度等级：页岩砖 2. 砂浆强度等级、配合比：M5	m³	27.5948	
		子目1　页岩砖370体积	m³	27.5948	
2	010401003002	实心砖墙（内墙） 1. 砖品种、规格、强度等级：页岩砖 2. 砂浆强度等级、配合比：M5	m³	11.8061	
		子目1　页岩砖240体积	m³	11.8061	
3	010502001001	矩形柱 1. 混凝土种类：预拌 2. 混凝土强度等级：C30	m³	7.632	
		子目1　框架柱体积	m³	7.632	
4	010502001003	矩形柱（梯柱） 1. 混凝土种类：预拌 2. 混凝土强度等级：C30	m³	0.216	
		子目1　梯柱体积	m³	0.216	
5	010502002001	构造柱 1. 混凝土种类：预拌 2. 混凝土强度等级：C20	m³	1.5998	
		子目1　构造柱体积	m³	1.5998	
6	010503005001	过梁 1. 混凝土种类：预拌 2. 混凝土强度等级：C20	m³	1.5224	
		子目1　过梁体积	m³	1.5224	

序号	编　　码	项 目 名 称	单位	软件工程量	手工工程量
7	010505001001	有梁板（框架梁） 1. 混凝土种类：预拌 2. 混凝土强度等级：C30	m³	8.442	
	子目 1	框架梁体积	m³	8.442	
8	010505001002	有梁板（非框架梁） 1. 混凝土种类：预拌 2. 混凝土强度等级：C30	m³	0.2074	
	子目 1	非框架梁体积	m³	0.2074	
9	010505001003	有梁板（板） 1. 混凝土种类：预拌 2. 混凝土强度等级：C30	m³	7.449	
	子目 1	板体积	m³	7.449	
10	010505001004	有梁板（阳台板） 1. 混凝土种类：预拌 2. 混凝土强度等级：C30	m³	0.7632	
	子目 1	阳台板体积	m³	0.7632	
11	010505001005	有梁板（楼梯平台板） 1. 混凝土种类：预拌 2. 混凝土强度等级：C30	m³	0.1577	
	子目 1	楼梯平台板体积	m³	0.1577	
12	010506001001	直形楼梯 1. 混凝土种类：预拌 2. 混凝土强度等级：C30	m²	7.6248	
	子目 1	楼梯混凝土投影面积	m²	7.6248	
13	010507001001	散水、坡道 　同定额描述	m²	22.26	
	子目 1	1∶1 水泥砂浆面层一次抹光	m²	22.26	
	子目 2	80mm C15 碎石混凝土散水	m³	1.3356	
	子目 3	素土夯实	m²	22.26	
	子目 4	沥青砂浆贴墙伸缩缝长度	m	34.7	
14	010507004001	台阶 　100mm C15 碎石混凝土台阶	m²	6.39	
	子目 1	100mm C15 碎石混凝土台阶	m²	6.39	
	子目 2	300mm 厚 3∶7 灰土垫层	m³	0.8115	
15	010801001001	木质门 1. 门代号：M-2 2. 洞口尺寸：900×2400 3. 装饰门：	樘	7.47	
	子目 1	装饰门	m²	7.47	
	子目 2	水泥砂浆后塞口	m²	7.47	

续表

序号	编　码	项　目　名　称	单位	软件工程量	手工工程量
16	010802001001	金属(塑钢)门 　1. 门代号：M-1 　2. 洞口尺寸：3900×2700 　3. 铝合金 90 系列双扇推拉门	m²	10.53	
	子目 1	铝合金 90 系列双扇推拉门	m²	10.53	
	子目 2	水泥砂浆后塞口	m²	10.53	
17	010807001001	金属(塑钢、断桥)窗 　1. 洞口尺寸：1500×1800 　2. 窗代号：C-1 　3. 材质：塑钢推拉窗	樘	10.8	
	子目 1	塑钢推拉窗	m²	10.8	
	子目 2	水泥砂浆后塞口	m²	10.8	
18	010807001002	金属(塑钢、断桥)窗 　1. 洞口尺寸：1800×1800 　2. 窗代号：C-2 　3. 材质：塑钢推拉窗	樘	3.24	
	子目 1	塑钢推拉窗	m²	3.24	
	子目 2	水泥砂浆后塞口	m²	3.24	
19	011101001001	水泥砂浆楼地面 同定额描述	m²	2.73	
	子目 1	20mm1：2.5 水泥砂浆面层	m²	2.73	
	子目 2	100mm C15 碎石混凝土垫层	m²	0.273	
	子目 3	300mm 厚 3：7 灰土垫层	m²	0.819	
20	011106002001	块料楼梯面层 楼 1	m²	7.6248	
	子目 1	块料楼梯面层	m²	7.6248	
21	011107004001	水泥砂浆台阶面	m²	6.39	
	子目 1	20mm1：2.5 水泥砂浆面层	m²	6.39	
22	011301001001	天棚抹灰 棚 B	m²	9.165	
	子目 1	楼梯底部抹灰面积	m²	9.165	
	子目 2	楼梯底部涂料面积	m²	9.165	
23	B-001	散水伸缩缝长度 沥青砂浆	m	6.9936	
	子目 1	拐角处	m	3.3936	
	子目 2	超过 6m 隔断处	m	2.4	
	子目 3	与台阶相邻处	m	1.2	

单击"措施项目"，选用"清单定额汇总表"，首层的清单和定额工程量就呈现出来了，软件也和手工进行对比，见表 2.2.15。

表 2.2.15 首层措施实体软件和手工工程量对比

序号	编码	项目名称	单位	软件工程量	手工工程量
1	011702002001	矩形柱 普通模板	m²	66.24	
2	011702002002	矩形柱(梯柱) 普通模板	m²	3.6	
3	011702003001	构造柱 普通模板	m²	9.82	
4	011702009001	过梁 普通模板	m²	13.669	
5	011702014001	有梁板(框架梁) 普通模板	m²	60.389	
6	011702014002	有梁板(非框架梁) 普通模板	m²	1.8144	
7	011702014003	有梁板(板) 普通模板	m²	62.4128	
8	011702014004	有梁板(阳台板) 普通模板	m²	8.508	
9	011702014005	有梁板(楼梯平台板) 普通模板	m²	1.5768	
10	011702024001	楼梯 普通模板	m²	7.6248	
11	011702027001	台阶 普通模板	m²	6.39	

十三、室内装修

从建施 1 可以看出首层有四个房间,分别为接待室、办公室、财务处和楼梯间,每个房间的具体装修做法在建筑总说明里有详细的说明,从总说明里可以看出,除接待室外,每个房间都有地面、踢脚、墙面、天棚,接待室没有踢脚但有墙裙,室内装修就是把这些工程量都计算出来。

一般做法是定义所有房间的地面、踢脚或墙裙、墙面和天棚这些分构件,然后按照图纸要求组合到各个房间,整体计算每个房间的地面踢脚或墙裙、墙面和天棚。

1. 定义首层房间的分构件的属性和做法

首层房间的分构件有地面、踢脚、墙裙、墙面、天棚,下面分别定义。

(1)首层地面的属性和做法 首层一共有地 A 和地 B 两种地面,从建筑总说明里可以看出这两种地面的详细做法,要弄清楚地面做法与清单定额的对应关系。

a. 首层地面做法与清单定额的对应关系 首层地面(地 1、地 2)做法与清单定额的对应关系见表 2.2.16、表 2.2.17。

表 2.2.16 地 1 做法与清单定额的对应关系

清单					定额			
项目编码	项目名称	项目特征	单位	工程量表达式	子目	查套定额关键词	单位	工程量表达式
11102003	地 1 铺瓷砖地面	1. 5 厚铺 800×800×10 瓷砖,白水泥擦缝 2.20mm 厚 1:4 干硬性水泥砂浆黏结层 3. 素水泥结合层一道 4.20mm 厚 1:3 水泥砂浆找平 5.50mm 厚 C15 混凝土垫层 6.150 厚 3:7 灰土垫层	m²	块料地面面积	子目 1	5 厚铺 800×800×10 瓷砖	m²	块料地面面积
					子目 2	20 厚 1:3 水泥砂浆找平	m²	地面积
					子目 3	50 厚 C15 混凝土垫层	m³	地面积×垫层厚度
					子目 4	150 厚 3:7 灰土垫层	m³	地面积×灰土厚度

表 2.2.17 地 2 做法与清单定额的对应关系

清单					定额			
项目编码	项目名称	项目特征	单位	工程量表达式	子目	查套定额关键词	单位	工程量表达式
11102003	地 1 铺地砖防水地面	1. 5 厚铺 300×300×10 瓷砖,白水泥擦缝 2.20 厚 1:4 干硬性水泥砂浆黏结层 3.1.5 厚聚合物水泥基防水涂料 4.20 厚 1:3 水泥砂浆找平 5.50 厚 C15 混凝土垫层 6.150 厚 3:7 灰土垫层	m²	块料地面面积	子目 1	5 厚铺 300×300×10 瓷砖	m²	块料地面面积
					子目 2	1.5 厚聚合物水泥基防水涂料	m²	地面积
					子目 3	20 厚 1:3 水泥砂浆找平	m²	地面积
					子目 4	50 厚 C15 混凝土垫层	m³	地面积×垫层厚度
					子目 5	150 厚 3:7 灰土垫层	m³	地面积×灰土厚度

b. 定义首层地面的属性和做法 单击"装修"前面的"▷"号使其展开→单击"楼地面"→单击"新建"下拉菜单→单击"新建楼地面"→修改名称为"地 1",建立好的地 1 属性和做法如图 2.2.96 所示。

用同样的方法建立"地 2",建立好的地 2 属性和做法如图 2.2.97 所示。

(2) 首层踢脚的属性和做法 首层只有踢 A 踢脚,从建筑总说明里可以看出踢脚的详细做法,列出踢脚做法与清单定额的对应关系。

a. 首层踢脚做法与清单定额的对应关系 首层踢脚做法与清单定额的对应关系见表 2.2.18。

属性名称	属性值	附加
名称	地面1	
块料厚度(	0	☐
顶标高(m)	层底标高	☐
是否计算防	否	☐
备注		☐

编码	类别	项目名称	项目特征	单位	工程里表达	表达式说明
☐ 011102003	项	块料楼地面	1. 1.5厚铺800×800×10瓷砖,白水泥擦缝; 2. 20厚1:4干硬性水泥砂浆粘结层; 3. 素水泥结合层一道; 4. 20厚1:3水泥砂浆找平; 5. 50厚C15混凝土垫层; 6. 150厚3:7灰土垫层;	m2	KLDMJ	KLDMJ〈块料地面积〉
—— 子目1	补	5厚铺800×800×10瓷砖		m2	KLDMJ	KLDMJ〈块料地面积〉
—— 子目2	补	20厚1:3水泥砂浆找平		m2	DMJ	DMJ〈地面积〉
—— 子目3	补	50厚C15混凝土垫层		m3	DMJ*0.05	DMJ〈地面积〉*0.05
—— 子目4	补	150厚3:7灰土垫层		m	DMJ*0.15	DMJ〈地面积〉*0.15

图 2.2.96

属性名称	属性值	附加
名称	地面2	
块料厚度(	0	☐
顶标高(m)	层底标高	☐
是否计算防	否	☐

	编码	类别	项目名称	项目特征	单位	工程里表	表达式说明
1	☐ 011102003	项	块料楼地面	1. 1.5厚铺300×300×10瓷砖,白水泥擦缝; 2. 20厚1:3水泥砂浆找平; 3. 50厚C15混凝土垫层; 4. 150厚3:7灰土垫层; 5. 1.5厚聚合物水泥基防水涂料; 6. 20厚1:4干硬性水泥砂浆粘结层;	m2	KLDMJ	KLDMJ〈块料地面积〉
2	—— 子目1	补	5厚铺800×800×10瓷砖		m2	KLDMJ	KLDMJ〈块料地面积〉
3	—— 子目2	补	1.5厚聚合物水泥基防水涂料		m2	DMJ	DMJ〈地面积〉
4	—— 子目3	补	20厚1:3水泥砂浆找平		m2	DMJ	DMJ〈地面积〉
5	—— 子目4	补	50厚C15混凝土垫层		m3	DMJ*0.05	DMJ〈地面积〉*0.05
6	—— 子目5	补	150厚3:7灰土垫层		m	DMJ*0.15	DMJ〈地面积〉*0.15

图 2.2.97

表 2.2.18 踢A做法与清单定额的对应关系

清单					定额			
项目编码	项目名称	项目特征	单位	工程量表达式	子目	查套定额关键词	单位	工程量表达式
011105001	踢A水泥砂浆踢脚	1. 8厚1:2.5水泥砂浆罩面压实赶光 2. 8厚1:3水泥砂浆打底扫毛或划出纹道	m²	踢脚抹灰面积	子目1	8厚1:2.5水泥砂浆罩面 8厚1:3水泥砂浆打底扫毛或划出纹	m²	踢脚抹灰长度

b. 定义首层踢脚的属性和做法　单击"装修"前面的"▷"号使其展开→单击"楼地面"→单击"新建"下拉菜单→单击"新建楼地面"→修改名称为"地1"，建立好的地1属性和做法如图2.2.98所示。

属性名称	属性值	附加
名称	踢A	
块料厚度(	0	☐
高度(mm)	100	☐
起点底标高	墙底标高	☐
终点底标高	墙底标高	☐
备注		☐

	编码	类别	项目名称	项目特征	单位	工程量表	表达式说明
1	☐ 011105001	项	水泥砂浆踢脚线	1. 1.8厚1：2.5水泥砂浆罩面压实赶光； 2. 2.8厚1：3水泥砂浆打底扫毛或划出纹道；	m2	TJMHMJ	TJMHMJ〈踢脚抹灰面积〉
2	子目1	补	8厚1：2.5水泥砂浆罩面8厚1：3水泥砂浆打底扫毛或划出纹		m	TJMHCD	TJMHCD〈踢脚抹灰长度〉

图 2.2.98

（3）首层墙裙的属性和做法　首层只有裙A踢脚，从建筑总说明里可以看出踢脚的详细做法，列出踢脚做法与清单定额的对应关系。

a. 首层墙裙做法与清单定额的对应关系　首层墙裙做法与清单定额的对应关系见表2.2.19。

表 2.2.19　裙 A 做法与清单定额的对应关系

清　　单					定　　额			
项目编码	项目名称	项目特征	单位	工程量表达式	子目	查套定额关键词	单位	工程量表达式
011207001	裙 A 胶合板墙裙	1. 饰面油漆刮腻子、磨砂纸、刷底漆两遍，刷聚酯清漆两遍 2. 粘柚木饰面板 3. 12木质基层板 4. 木龙骨断面30×40，间距300×300	m²	墙裙块料面积	子目1	饰面油漆刮腻子、磨砂纸、刷底漆两遍，刷聚酯清漆两遍	m²	墙裙块料面积
					子目2	粘柚木饰面板	m²	墙裙块料面积
					子目3	12木质基层板	m²	墙裙块料面积
					子目4	木龙骨断面30×40，间距300×300	m²	墙裙块料面积

b. 定义首层墙裙的属性和做法　单击"装修"前面的"▷"号使其展开→单击"墙裙"→单击"新建"下拉菜单→单击"新建内墙裙"→修改名称为"裙A"，建立好的裙A属性和做法如图2.2.99所示。

（4）首层墙面的属性和做法　首层有内墙A和内墙B两种墙面，从建筑总说明里可以看出墙面的详细做法，列出墙面做法与清单定额的对应关系。

属性名称	属性值	附加
名称	裙A	
所附墙材质	(程序自动	☐
高度(mm)	900	☐
内/外墙裙	内墙裙	☑
块料厚度(	0	☐
起点底标高	墙底标高	☐
终点底标高	墙底标高	☐
备注		☐

	编码	类别	项目名称	项目特征	单位	工程量表达	表达式说明
1	⊟ 01120700 1	项	墙面装饰板	1. 饰面油漆刮腻子、磨砂纸、刷底漆二遍、刷聚酯清漆二遍; 2. 粘柚木饰面板; 3. 12mm木饰基层板; 4. 木龙骨(断面30×40,间距300×300);	m2	QQKLMJ	QQKLMJ〈墙裙块料面积〉
2	└ 子目1	补	饰面油漆刮腻子、磨砂纸、刷底漆二遍、刷聚酯清漆二遍		m2	QQKLMJ	QQKLMJ〈墙裙块料面积〉
3	└ 子目2	补	粘柚木饰面板		m2	QQKLMJ	QQKLMJ〈墙裙块料面积〉
4	└ 子目3	补	12mm木质基层板		m2	QQKLMJ	QQKLMJ〈墙裙块料面积〉
5	└ 子目4	补	木龙骨(断面30×40,间距300×300)		m2	QQKLMJ	QQKLMJ〈墙裙块料面积〉

图 2.2.99

　　a. 首层墙面做法与清单定额的对应关系　　首层墙面做法与清单定额的对应关系见表 2.2.20、表 2.2.21。

表 2.2.20　内墙 A 做法与清单定额的对应关系

清单					定额			
项目编码	项目名称	项目特征	单位	工程量表达式	子目	查套定额关键词	单位	工程量表达式
011201001	内墙 A 涂料墙面	1. 抹灰面刮两遍仿瓷涂料 2.5 厚 1:2.5 水泥砂浆找平 3.9 厚 1:3 水泥砂浆打底扫毛或划出纹道	m²	墙面块料面积	子目1	抹灰面刮两遍仿瓷涂料	m²	墙面块料面积
					子目2	5 厚 1:2.5 水泥砂浆找平 9 厚 1:3 水泥砂浆打底扫毛或划出纹道	m²	墙面抹灰面积

表 2.2.21　内墙 B 做法与清单定额的对应关系

清单					定额			
项目编码	项目名称	项目特征	单位	工程量表达式	子目	查套定额关键词	单位	工程量表达式
011201001	内墙 B 涂料墙面	1. 粘贴 5~6 厚面砖 2. 1.5 厚聚合物水泥基防水涂料 3. 9 厚 1:3 水泥砂浆打底扫毛或划出纹道	m²	墙面块料面积	子目1	粘贴 5~6 厚面砖	m²	墙面块料面积
					子目2	1.5 厚聚合物水泥基防水涂料	m²	墙面块料面积
					子目3	9 厚 1:3 水泥砂浆打底扫毛或划出纹道	m²	墙面抹灰面积

　　b. 定义首层墙面的属性和做法　单击"装修"前面的"▷"号使其展开→单击"墙面"
→单击"新建"下拉菜单→单击"新建内墙面"→修改名称为"内墙 A"，建立好的内墙 A
属性和做法如图 2.2.100 所示。
　　建立好的内墙 B 属性和做法如图 2.2.101 所示。

属性名称	属性值	附加
名称	内墙A	
所附墙材质	(程序自动	☐
块料厚度(	0	☐
内/外墙面	内墙面	☑
起点顶标高	墙顶标高	☐
终点顶标高	墙顶标高	☐
起点底标高	墙底标高	☐
终点底标高	墙底标高	☐

	编码	类别	项目名称	项目特征	单位	工程量表	表达式说明
1	☐ 011201001	项	墙面一般抹灰	1. 抹灰面刮两遍仿瓷涂料；2. 5厚1：2.5水泥砂浆找平；3. 9厚1：3水泥砂浆打底扫毛或划出纹道；	m2	QMKLMJ	QMKLMJ〈墙面块料面积〉
2	子目1	补	抹灰面刮两遍仿瓷涂料		m2	QMKLMJ	QMKLMJ〈墙面块料面积〉
3	子目2	补	底层抹灰水泥砂浆		m2	QMMHMJ	QMMHMJ〈墙面抹灰面积〉

图 2.2.100

属性名称	属性值	附加
名称	内墙B	
所附墙材质	(程序自动	☐
块料厚度(	0	☐
内/外墙面	内墙面	☑
起点顶标高	墙顶标高	☐
终点顶标高	墙顶标高	☐
起点底标高	墙底标高	☐
终点底标高	墙底标高	☐

	编码	类别	项目名称	项目特征	单位	工程量表	表达式说明
1	☐ 011201001	项	墙面一般抹灰	1. 9厚1：3水泥砂浆打底扫毛或划出纹道；2. 粘贴5~6厚面砖；3. 1.5厚聚合物水泥基防水涂料；	m2	QMKLMJ	QMKLMJ〈墙面块料面积〉
2	子目1	补	粘贴5~6厚面砖；		m2	QMKLMJ	QMKLMJ〈墙面块料面积〉
3	子目2	补	1.5厚聚合物水泥基防水涂料		m2	QMKLMJ	QMKLMJ〈墙面块料面积〉
4	子目3	补	9厚1：3水泥砂浆打底扫毛或划出纹道		m2	QMMHMJ	QMMHMJ〈墙面抹灰面积〉

图 2.2.101

（5）首层天棚的属性和做法　首层有棚 B 天棚，从建筑总说明里可以看出天棚的详细做法，列出天棚做法与清单定额的对应关系。

a. 首层天棚做法与清单定额的对应关系　首层天棚做法与清单定额的对应关系见表 2.2.22。

表 2.2.22　棚 B 做法与清单定额的对应关系

清　单					定　额			
项目编码	项目名称	项目特征	单位	工程量表达式	子目	查套定额关键词	单位	工程量表达式
011201001	棚 B 混合砂浆抹灰天棚	1. 抹灰面刮两遍仿瓷涂料 2. 2厚1：2.5纸筋灰罩面； 3. 10厚1：1：4混合砂浆打底 4. 刷素水泥浆一遍（内掺建筑胶）	m²	天棚抹灰面积	子目1	抹灰面刮两遍仿瓷涂料	m²	天棚抹灰面积
					子目2	2厚1：2.5纸筋灰罩面	m²	天棚抹灰面积
					子目3	10厚1：1：4混合砂浆打底	m²	天棚抹灰面积

b. 定义首层天棚的属性和做法　单击"装修"前面的"▷"号使其展开→单击"天棚"→单击"新建"下拉菜单→单击"新建天棚"→修改名称为"棚 B"，建立好的内墙 B 属性和做法如图 2.2.102 所示。

属性名称	属性值	附加
名称	棚B	
备注		☐

	编码	类别	项目名称	项目特征	单位	工程量表达	表达式说明
1	⊟ 011301001	项	天棚抹灰	1. 抹灰面刮两遍仿瓷涂料； 2. 2厚1：2.5纸筋灰罩面； 3. 10厚1：1：4混合砂浆打底 4. 刷素水泥浆一遍（内掺建筑胶）；	m2	TPMHMJ	TPMHMJ〈天棚抹灰面积〉
2	子目1	补	抹灰面刮两遍仿瓷涂料		m2	TPMHMJ	TPMHMJ〈天棚抹灰面积〉
3	子目2	补	2厚1：2.5纸筋灰罩面		m2	TPMHMJ	TPMHMJ〈天棚抹灰面积〉
4	子目3	补	10厚1：1：4混合砂浆打底		m2	TPMHMJ	TPMHMJ〈天棚抹灰面积〉

图 2.2.102

（6）首层吊顶的属性和做法　首层有棚 A 吊顶，从建筑总说明里可以看出天棚的详细做法，列出吊顶做法与清单定额的对应关系。

a. 首层吊顶做法与清单定额的对应关系　首层吊顶做法与清单定额的对应关系见表 2.2.23。

表 2.2.23　棚 A 做法与清单定额的对应关系

清　单					定　额			
项目编码	项目名称	项目特征	单位	工程量表达式	子目	查套定额关键词	单位	工程量表达式
011302001	棚 A 混合砂浆抹灰天棚	1. 现浇板混凝土预留圆 10 吊环，间距≤1500 2. U 型轻钢龙骨，中距≤1500 3. 1.0 厚铝合金条板，离缝安装带插缝板	m²	吊顶面积	子目1	1.0 厚铝合金条板	m²	吊顶面积
					子目2	U 型轻钢龙骨	m²	吊顶面积

　　b. 定义首层吊顶的属性和做法　单击"装修"前面的"▷"号使其展开→单击"吊顶"→单击"新建"下拉菜单→单击"新建吊顶"→修改名称为"棚 A"，建立好的内墙 A 属性和做法如图 2.2.103 所示。

属性名称	属性值	附加
名称	棚A	
离地高度（	3000	☐
备注		☐

	编码	类别	项目名称	项目特征	单位	工程量	表达式说明
1	⊟ 011302001	项	吊顶天棚	1. 现浇板混凝土预留圆10吊环，间距≤1500； 2. U型轻钢龙骨，中距≤1500； 3. 1.0厚铝合金条板，离缝安装带插缝板；	m2	DDMJ	DDMJ〈吊顶面积〉
2	—— 子目1	补	1.0厚铝合金条板		m2	DDMJ	DDMJ〈吊顶面积〉
3	—— 子目2	补	U型轻钢龙骨		m2	DDMJ	DDMJ〈吊顶面积〉

图 2.2.103

2. 首层房间组合

　　从建施 1 首层平面图可以看出，首层要组合 3 种房间，分别为接待室、办公室、财务处和楼梯间，其中楼梯间分为楼梯投影和楼层平台两个房间，楼梯投影在计算楼梯时已计算过，楼层平台房属于有天棚房间。

　　按照对规则的理解，楼梯间装修不考虑楼梯斜跑和休息平台对房间墙面的影响，换句话说，楼梯间装修不考虑楼梯，只考虑地面、踢脚（此处踢脚指的是楼梯间地面处的踢脚，并非楼梯的踢脚）和墙面。下面分别组合一下首层房间。

　　（1）组合"楼梯间（平台位置）"房间　单击"房间"→单击"新建"下拉菜单→单击"新建房间"→修改名称为"楼梯间（平台位置）"→进入"定义"界面→单击"构件类型"下的"楼地面"→单击"添加依附构件"→将"地面 1"添加上去→单击"构件类型"下的"踢脚"→单击"添加依附构件"→将"踢 A"添加上去→单击"构件类型"下的"墙面"→单击"添加依附构件"→将"墙 A"添加上去→单击"构件类型"下的"天棚"→单击"添加依附构件"→将"棚 B"添加上去，这样梯梯间（平台位置）就组合好了，组合好的楼梯间如图 2.2.104 所示。

　　（2）组合"楼梯间（楼梯位置）"房间　用复制的方法来组合楼梯间（楼梯位置）房间，就是把建立好的楼梯间（平台位置）的房间天棚去掉，操作如下：单击"构件列表"下建好的房间"楼梯间（平台位置）"名称→单击"　新建·✕　过滤·　"复制键→软件会提示"是否同时复制依附构件"→单击"是"→软件会自动制一个名称为"楼梯间（平台位置）－1"的构件→修改构件名称为"楼梯间（楼梯位置）"→单击"构件类型"下的"棚 B"→单击"删除依附构件"→弹出"是否删除选择的依附构件吗"→单击"确定"，这样就删除了天棚的做法，复制好的"楼梯间（楼梯位置）"如图 2.2.105 所示。

　　（3）组合"接待室"房间　同样用复制"楼梯间（楼梯位置）"房间，直接修改成"接待厅"，将"踢 A"删除，将"裙 A"添加到墙裙里，组合好的"接待厅"如图 2.2.106 所示。

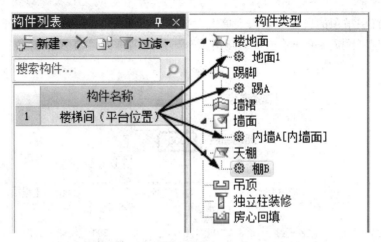

图 2.2.104

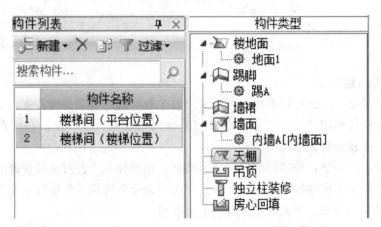

图 2.2.105

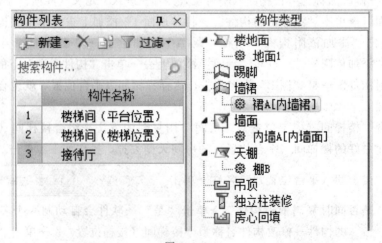

图 2.2.106

（4）组合"办公室、财务处"房间　同样用复制"楼梯间（楼梯位置）"房间，直接修改成"办公室、财务处"，从总说明装修做法里可以看出，"办公室、财务处"和"楼梯间（楼梯位置）"相同，组合好的"办公室、财务处"如图 2.2.107 所示。

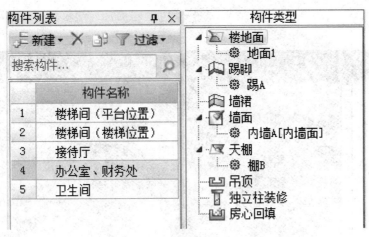

图 2.2.107

（5）组合"卫生间"房间 同样我们用复制"楼梯间（楼梯位置）"房间，直接修改成"卫生间"，"卫生间"没有踢脚，没有"天棚"，只有"吊顶"。将构件修改成符合"卫生间"的构件，组合好的"卫生间"如图 2.2.108 所示。

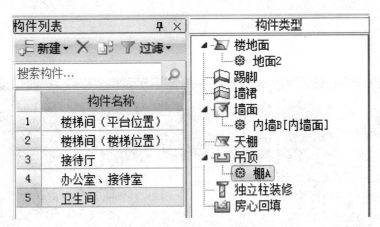

图 2.2.108

3. 画首层房间

根据建施 1 首层平面图来画首层房间。

单击"绘图"按钮进入绘图界面→选中"楼梯间（平台位置）"名称→单击"点"按钮→单击楼梯平台位置（平台和楼梯分界线可以用虚墙隔开，画虚墙方法在楼梯平台板单节里已讲过）→单击"点"按钮，这样楼梯平台位置就画好了。

选中"楼梯间（楼梯位置）"名称→单击"点"按钮→单击楼梯间投影面积位置处，画好的楼梯间装修如图 2.2.109 所示。

用同样的方法点其他房间，装修好的房间如图 2.2.110 所示。

4. 查看房间装修软件计算结果

首层有好几个房间，按照建施 1 的房间名称一个一个来查看。

（1）楼梯间装修工程量软件计算结果 汇总结束后，选中楼梯间两个房间→单击"查看工程量"，首层楼梯间装修工程量软件计算结果见表 2.2.24。

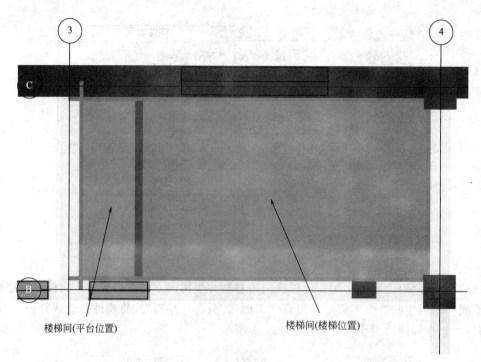

图 2.2.109

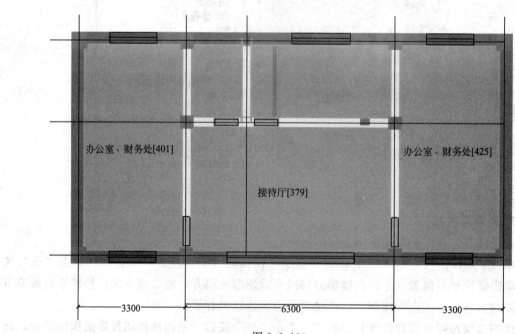

图 2.2.110

表 2.2.24　首层楼梯间装修工程量软件计算结果

编　码	项目名称	单　位	工程量
011102003	块料楼地面	m²	9.2748
子目 4	150 厚 3∶7 灰土垫层	m	1.3802
子目 2	20 厚 1∶3 水泥砂浆找平	m²	9.2016

续表

编　码	项目名称	单　位	工　程　量
子目3	50厚C15混凝土垫层	m³	0.4601
子目1	5厚铺800×800×10瓷砖	m²	9.2748
011301001	天棚抹灰	m²	1.5768
子目3	10厚1∶1∶4混合砂浆打底	m²	1.5768
子目2	2厚1∶2.5纸筋灰罩面	m²	1.5768
子目1	抹灰面刮两遍仿瓷涂料	m²	1.5768
011201001	墙面一般抹灰	m²	41.74
子目2	底层抹灰水泥砂浆	m²	41.047
子目1	抹灰面刮两遍仿瓷涂料	m²	41.74
011105001	水泥砂浆踢脚线	m²	1.209
子目1	8厚1∶2.5水泥砂浆罩面 8厚1∶3水泥砂浆打底扫毛或划出纹	m	12.09

（2）接待室装修工程量软件计算结果　首层接待室装修工程量软件计算结果见表2.2.25。

表 2.2.25　首层接待室装修工程量软件计算结果

编　码	项目名称	单　位	工　程　量
011102003	块料楼地面	m²	23.985
子目4	150厚3∶7灰土垫层	m	3.3269
子目2	20厚1∶3水泥砂浆找平	m²	22.1796
子目3	50厚C15混凝土垫层	m³	1.109
子目1	5厚铺800×800×10瓷砖	m²	23.985
011301001	天棚抹灰	m²	22.1796
子目3	10厚1∶1∶4混合砂浆打底	m²	22.1796
子目2	2厚1∶2.5纸筋灰罩面	m²	22.1796
子目1	抹灰面刮两遍仿瓷涂料	m²	22.1796
011201001	墙面一般抹灰	m²	41.7147
子目2	底层抹灰水泥砂浆	m²	38.6352
子目1	抹灰面刮两遍仿瓷涂料	m²	41.7147
011207001	墙面装饰板	m²	12.213
子目3	12木质基层板	m²	12.213
子目4	木龙骨（断面30×40,间距300×300）	m²	12.213
子目1	饰面油漆刮腻子、磨砂纸、刷底漆两遍,刷聚酯清漆两遍	m²	12.213
子目2	粘柚木饰面板	m²	12.213

（3）办公室装修工程量软件计算结果　首层办公室（1～2/A～C轴）装修工程量软件计算结果见表2.2.26。

表 2.2.26　首层办公室装修工程量软件计算结果

编　码	项 目 名 称	单　位	工 程 量
011102003	块料楼地面	m²	18.565
子目 4	150 厚 3∶7 灰土垫层	m	2.7815
子目 2	20 厚 1∶3 水泥砂浆找平	m²	18.5436
子目 3	50 厚 C15 混凝土垫层	m³	0.9272
子目 1	5 厚铺 800×800×10 瓷砖	m²	18.565
011301001	天棚抹灰	m²	18.5436
子目 3	10 厚 1∶1∶4 混合砂浆打底	m²	18.5436
子目 2	2 厚 1∶2.5 纸筋灰罩面	m²	18.5436
子目 1	抹灰面刮两遍仿瓷涂料	m²	18.5436
011201001	墙面一般抹灰	m²	57.824
子目 2	底层抹灰水泥砂浆	m²	56.472
子目 1	抹灰面刮两遍仿瓷涂料	m²	57.824
011105001	水泥砂浆踢脚线	m²	1.734
子目 1	8 厚 1∶2.5 水泥砂浆罩面 8 厚 1∶3 水泥砂浆打底扫毛或划出纹	m	17.34

（4）办公室装修工程量软件计算结果　首层财务处（4～5/A～C轴）装修工程量软件计算结果见表2.2.27。

表 2.2.27　首层财务处装修工程量软件计算结果

编　码	项 目 名 称	单　位	工 程 量
011102003	块料楼地面	m²	18.565
子目 4	150 厚 3∶7 灰土垫层	m	2.7815
子目 2	20 厚 1∶3 水泥砂浆找平	m²	18.5436
子目 3	50 厚 C15 混凝土垫层	m³	0.9272
子目 1	5 厚铺 800×800×10 瓷砖	m²	18.565
011301001	天棚抹灰	m²	18.5436
子目 3	10 厚 1∶1∶4 混合砂浆打底	m²	18.5436
子目 2	2 厚 1∶2.5 纸筋灰罩面	m²	18.5436
子目 1	抹灰面刮两遍仿瓷涂料	m²	18.5436
011201001	墙面一般抹灰	m²	57.824
子目 2	底层抹灰水泥砂浆	m²	56.472
子目 1	抹灰面刮两遍仿瓷涂料	m²	57.824
011105001	水泥砂浆踢脚线	m²	1.734
子目 1	8 厚 1∶2.5 水泥砂浆罩面 8 厚 1∶3 水泥砂浆打底扫毛或划出纹	m	17.34

（5）卫生间装修工程量软件计算结果　首层卫生间装修工程量软件计算结果见表 2.2.28。

表 2.2.28　首层卫生间装修工程量软件计算结果

编　码	项目名称	单　位	工程量
011102003	块料楼地面	m²	3.4428
子目 2	1.5 厚聚合物水泥基防水涂料	m²	3.3696
子目 5	150 厚 3∶7 灰土垫层	m	3.3696
子目 3	20 厚 1∶3 水泥砂浆找平	m²	3.4428
子目 4	50 厚 C15 混凝土垫层	m³	3.3696
子目 1	5 厚铺 800×800×10 瓷砖	m²	3.3696
011302001	吊顶天棚	m²	3.3696
子目 1	1.0 厚铝合金条板	m²	21.339
子目 2	U 型轻钢龙骨	m²	22.233
011201001	墙面一般抹灰	m²	22.233
子目 2	1.5 厚聚合物水泥基防水涂料	m²	21.339
子目 3	9 厚 1∶3 水泥砂浆打底扫毛或划出纹道	m²	3.4428
子目 1	粘贴 5～6 厚面砖	m²	21.339

十四、室外装修

室外装修做法见建筑总说明的外墙 1、外墙 2，具体装修的位置从建施 5、建施 6、建施 7 的立面图可以反映出来，从几个立面图可以看出，外墙裙为贴陶质釉面砖外墙，外墙面为涂料外墙。下面先定义这些外墙的属性和做法。

1. 定义外墙的属性和做法

（1）定义外墙 1 的属性和做法

a. 外墙 1 做法与清单定额对应关系　外墙 1 做法与清单定额的对应关系见表 2.2.29。

表 2.2.29　外墙 1 做法与清单定额的对应关系

清　单					定　额			
项目编码	项目名称	项目特征	单位	工程量表达式	子目	查套定额关键词	单位	工程量表达式
011207001	外墙 1 贴陶质釉面砖	1.1∶1 水泥（或水泥掺色）砂浆（细砂）勾缝 2. 贴 194×94 陶质外墙釉面砖 3.6 厚 1∶2 水泥砂浆 4.12 厚 1∶3 水泥砂浆打底扫毛或划出纹道 5. 刷素水泥浆一遍（内掺建筑胶）	m²	墙裙块料面积	子目 1	外墙釉面砖粘贴墙面	m²	墙面块料面积
					子目 2	6 厚 1∶2 水泥砂浆罩面	m²	墙面抹灰面积
					子目 3	12 厚 1∶3 水泥砂浆打底	m²	墙面抹灰面积

从南立面图里可以看出，首层外墙裙做法为外墙1定义一下。

b. 定义外墙1（外墙裙）的属性和做法 单击"装修"前面的"▷"使其展开→单击下一级的"墙裙"→单击"新建"下拉菜单→单击"新建外墙裙"→修改名称为"外墙1"，建立好的外墙1属性和做法如图2.2.111所示。

属性名称	属性值	附加
名称	外墙1	
所附墙材质	(程序自动	☐
高度(mm)	900	☐
内/外墙裙	外墙裙	☑
块料厚度(	0	☐
起点底标高	墙底标高	☐
终点底标高	墙底标高	☐

	编码	类别	项目名称	项目特征	单位	工程量表达式	表达式说明
1	⊟ 011204003	项	块料墙面	1. 1:1水泥（或水泥掺色）砂浆（细砂）勾缝； 2. 贴194×94陶质外墙釉面砖； 3. 6厚1:2水泥砂浆； 4. 12厚1:3水泥砂浆打底扫毛或划出纹道； 5. 刷素水泥浆一遍（内掺建筑胶）；	m2	QMKLMJ	QMKLMJ〈墙面块料面积〉
2	子目1	补	外墙釉面砖粘贴墙面		m2	QMKLMJ	QMKLMJ〈墙面块料面积〉
3	子目2	补	6厚1:2.5水泥砂浆找平		m2	QMMHMJ	QMMHMJ〈墙面抹灰面积〉
4	子目3	补	12厚1:3水泥砂浆打底扫毛或划出纹道		m2	QMMHMJ	QMMHMJ〈墙面抹灰面积〉

图 2.2.111

为了便于外装修更直观，或更容易区分两种材质，软件在定义中内置了材质纹理，在定义的时候左键双击定义下面的"材质纹理"→单击"导入"，界面会弹出对话框，如图2.2.112所示。

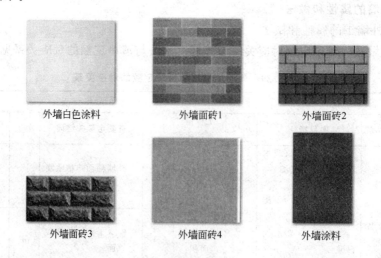

外墙白色涂料　　　　外墙面砖1　　　　外墙面砖2

外墙面砖3　　　　外墙面砖4　　　　外墙涂料

图 2.2.112

选择"外墙面砖1"→单击"打开"→单击"选择"，外墙1（外墙面）就添加上去了。

（2）定义外墙2的属性和做法

a. 外墙2做法与清单定额对应关系 外墙2做法与清单定额对应关系见表2.2.30。

表 2.2.30　外墙 2 做法与清单定额的对应关系

清　单					定　额			
项目编码	项目名称	项目特征	单位	工程量表达式	子目	查套定额关键词	单位	工程量表达式
011207001	外墙 2 涂料墙面	1. 喷 HJ80-1 型无机建筑涂料 2. 6 厚 1∶2.5 水泥砂浆找平 3. 12 厚 1∶3 水泥砂浆打底扫毛或划出纹道 4. 刷素水泥浆一遍（内掺建筑胶）【此做法北京定额不套，各地定额规定不同灵活把握】	m²	墙面块料面积	子目 1	喷 HJ80-1 型无机建筑涂料	m²	墙面块料面积
					子目 2	6 厚 1∶2 水泥砂浆罩面	m²	墙面抹灰面积
					子目 3	12 厚 1∶3 水泥砂浆打底	m²	墙面抹灰面积

　　b. 定义外墙 2 的属性和做法　单击"装修"前面的"▷"使其展开→单击下一级的"墙面"→单击"新建"下拉菜单→单击"新建外墙面"→修改名称为"外墙 2"，建立好的外墙 2 属性和做法如图 2.2.113 所示。

属性名称	属性值	附加
名称	外墙2	
所附墙材质（	程序自动	☐
块料厚度（	0	☐
内/外墙面	外墙面	☑
起点顶标高	墙顶标高	☐
终点顶标高	墙顶标高	☐
起点底标高	墙底标高	☐
终点底标高	墙底标高	☐

	编码	类别	项目名称	项目特征	单位	工程量表达式	表达式说明
1	⊟ 011201001	项	墙面一般抹灰	1. 喷HJ80-1型无机建筑涂料；2. 6厚1：2.5水泥砂浆找平；3. 12厚1：3水泥砂浆打底扫毛或划出纹道；4. 刷素水泥浆一遍（内掺建筑胶）	m2	QMKLMJ	QMKLMJ＜墙面块料面积＞
2	— 子目1	补	喷HJ80-1型无机建筑涂料		m2	QMKLMJ	QMKLMJ＜墙面块料面积＞
3	— 子目2	补	6厚1：2.5水泥砂浆找平		m2	QMMHMJ	QMMHMJ＜墙面抹灰面积＞
4	— 子目3	补	12厚1：3水泥砂浆打底		m2	QMMHMJ	QMMHMJ＜墙面抹灰面积＞

图 2.2.113

用同样的方法，"外墙涂料"作为外墙 2 纹理。

2. 画首层外墙装修

（1）画首层外墙裙

　　a. 点画外墙裙　先画首层外墙裙，操作步骤如下：单击"绘图"按钮进入绘图界面→在画"墙裙"的状态下→选中"外墙 1"名称→单击"点"按钮→分别点每段外墙的外墙皮

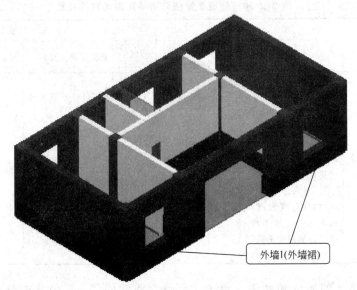

图 2.2.114

（要放大了点，否则容易点错位置），如图 2.2.114 所示（西南等轴测）。

注：要在三维状态下检查下下外墙一周，以免有些部位漏点。

b. 修改外墙裙底标高 现在外墙裙虽然点好了，但是底标高只到 −0.05 上，而墙裙的室外标高是 −0.45 上，要把外墙 1 修改到室外标高位置，操作步骤如下。

在画墙裙状态下→单击"选择"按钮→单击"批量选择"按钮，弹出"批量选择构件图元"对话框→勾选"外墙 1"→单击"确定"→修改属性里的"起点底标高"和"终点底标高"为"−0.45"，如图 2.2.115 所示。

图 2.2.115

（2）画首层外墙面 在画"墙面"的状态下→选中"外墙 2"名称→单击"点"按钮→分别点每段外墙的外墙皮（要放大了点，否则容易点错位置），如图 2.2.116 所示（西南等轴测）。

外墙面软件默认的标高是墙底标高，而墙底标高是 −0.1，与外墙裙有一定的重复，这个软件会自动扣减的，读者不用担心。

看完三维图后，将图恢复到俯视状态。

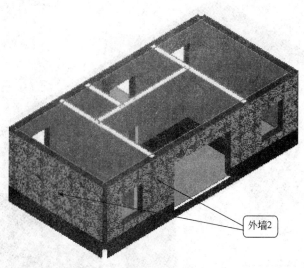

图 2.2.116

（3）画首层阳台板底装修　从建筑总说明可以看出，阳台板底装修做法同外墙 2 做法。

a. 定义外墙 2（阳台板底）的属性和做法　单击"装修"前面的"▷"使其展开→单击下一级的"天棚"→单击"新建"下拉菜单→单击"新建天棚"→修改名称为"外墙 2"，建立好的外墙 2（阳台板底）属性和做法如图 2.2.117 所示。

属性名称	属性值	附加
名称	外墙2	
备注		☐

	编码	类别	项目名称	项目特征	单位	工程量表达	表达式说明
1	⊟ 011301001	项	天棚抹灰	1. 喷HJ80-1型无机建筑涂料； 2. 6厚1：2.5水泥砂浆找平； 3. 12厚1：3水泥砂浆打底扫毛或划出纹道； 4. 刷素水泥浆一遍（内掺建筑胶）；	m2	TPMHMJ	TPMHMJ〈天棚抹灰面积〉
2	子目1	补	喷HJ80-1型无机建筑涂料		m2	TPMHMJ	TPMHMJ〈天棚抹灰面积〉
3	子目2	补	6厚1：2.5水泥砂浆找平		m2	TPMHMJ	TPMHMJ〈天棚抹灰面积〉
4	子目3	补	12厚1：3水泥砂浆打底		m2	TPMHMJ	TPMHMJ〈天棚抹灰面积〉

图 2.2.117

b. 画外墙 2（阳台板底）天棚装修　在画"天棚"状态下，选中"外墙 2"→单击"智能布置"→单击"现浇板"→单击阳台板，这样阳台板底天棚装修就布置上了，如图 2.2.118 所示（东南等轴测）。我们将图恢复到俯视状态。

（4）查看外墙装修软件计算结果　首层外装修一共有 4 个工程量，为了与手工对量方便，也便于自查，分别来对量。

a. 查看阳台底板天棚软件计算结果　汇总结束后，在画"天棚"的状态下，单击"选择"按钮→选中画好的阳台底板天棚→单击"查看工程量"按钮→单击"做法工程量"，阳台底板天棚的软件计算结果见表 2.2.31。

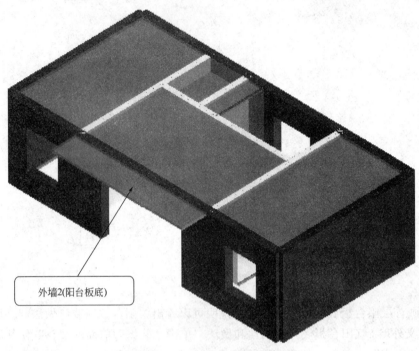

外墙2(阳台板底)

图 2.2.118

表 2.2.31   阳台底板天棚软件计算结果

编 码	项 目 名 称	单 位	工 程 量
011301001	天棚抹灰	m²	7.632
子目 3	12厚1:3水泥砂浆打底	m²	7.632
子目 2	6厚1:2.5水泥砂浆找平	m²	7.632
子目 1	喷 HJ80-1 型无机建筑涂料	m²	7.632

　　单击"退出"按钮,退出"查看构件图元工程量"对话框。

　　b. 查看外墙1(外墙裙)软件计算结果　在画"墙裙"的状态下,单击"选择"按钮→单击"批量选择"按钮,弹出"批量选择构件图元"对话框→勾选"外墙1"→单击"确定"→单击"查看工程量"按钮→单击"做法工程量",外墙1(外墙裙)软件计算结果见表 2.2.32。

表 2.2.32   外墙 1(外墙裙)软件计算结果

编 码	项 目 名 称	单 位	工 程 量
011204003	块料墙面	m²	32.4765
子目 3	12厚1:3水泥砂浆打底	m²	32.31
子目 2	6厚1:2水泥砂浆罩面	m²	32.31
子目 1	外墙釉面砖粘贴墙面	m²	32.4765

　　单击"退出"按钮,退出"查看构件图元工程量"对话框。

　　c. 查看外墙 2 软件计算结果　在画"墙面"的状态下,单击"选择"按钮→单击"批量选择"按钮,弹出"批量选择构件图元"对话框→勾选"外墙2"→单击"确定"→单击

“查看工程量”按钮→单击“做法工程量”，外墙 2 软件计算结果见表 2.2.33。

表 2.2.33　外墙 2 软件计算结果

编　　码	项目名称	单　　位	工　程　量
011201001	墙面一般抹灰	m^2	109.559
子目 3	12 厚 1∶3 水泥砂浆打底	m^2	101.789
子目 2	6 厚 1∶2.5 水泥砂浆找平	m^2	101.789
子目 1	喷 HJ80-1 型无机建筑涂料	m^2	109.559

单击“退出”按钮，退出“查看构件图元工程量”对话框。

十五、首层建筑面积及相关量

首层建筑面积包括外墙皮以内的建筑面积、阳台建筑面积和雨篷建筑面积，根据现行的建筑面积计算规则，外墙保温层也要计算建筑面积，阳台按照外围面积的一半来计算建筑面积，雨篷外边线距离外墙外边线超过 2.1m 者，按照雨篷板面积的一半计算建筑面积。本工程外墙没有保温层，所以建筑面积计算到外墙皮。

1. 定义首层建筑面积及相关量

单击“其他”前面的“▷”号将其展开→单击下一级“建筑面积”→单击“新建”下拉菜单→单击“新建建筑面积”，修改名称为“建筑面积及相关量”并套取相应的做法，如图 2.2.119所示。

属性名称	属性值	附加
名称	建筑面积及相关量（外墙内）	
底标高(m)	层底标高	☐
建筑面积计	计算全部	☐

	编码	类别	项目名称	项目特征	单位	工程量表达式	表达式说明	措施项目
1	B-001	补项	建筑面积（外墙内）		m2	MJ	MJ<面积>	☐
2	子目1	补	建筑面积		m2	MJ	MJ<面积>	☐
3	011701001	项	综合脚手架（外墙内）		m2	ZHJSJMJ	ZHJSJMJ<综合脚手架面积>	☑
4	子目1	补	综合脚手架		m2	ZHJSJMJ	ZHJSJMJ<综合脚手架面积>	☑
5	011703001	项	垂直运输（外墙内）		m2	MJ	MJ<面积>	☑
6	子目1	补	垂直运输		m2	MJ	MJ<面积>	☑
7	B-002	补项	工程水电费（外墙内）		m2	MJ	MJ<面积>	☐
8	子目1	补	工程水电费		m2	MJ	MJ<面积>	☐

图 2.2.119

2. 画首层建筑面积和脚手架

单击“绘图”按钮进入绘图界面→在面建筑面积的状态下，单击“点”按钮→单击外墙内任意一点，这样建筑面积就布置好了，如图 2.2.120 所示。

3. 查看首层建筑面积及相关量软件计算结果

汇总结束后，在画“建筑面积”的状态下，单击“选择”按钮→单击画好的建筑面积，单击“查看工程量”，首层建筑面积及相关量软件计算结果见表 2.2.34。

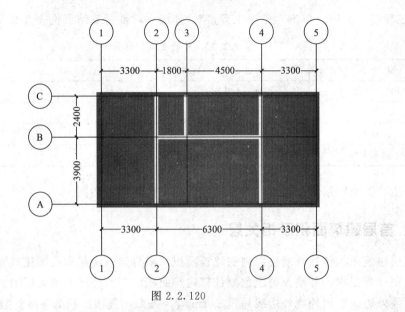

图 2.2.120

表 2.2.34　首层建筑面积及相关量软件计算结果

编码	项目名称	单位	工程量
011703001	垂直运输(外墙内)	m²	91.12
子目1	垂直运输	m²	91.12
B-002	工程水电费(外墙内)	m²	91.12
子目1	工程水电费	m²	91.12
B-001	建筑面积(外墙内)	m²	91.12
子目1	建筑面积	m²	91.12
011701001	综合脚手架(外墙内)	m²	91.12
子目1	综合脚手架	m²	91.12

单击"退出"按钮，退出"查看构件图元工程量"对话框。

十六、平整场地工程量计算

"平整场地"是土方开挖之前的一项工作，这个工程量清单规则全国各地规则不一样，2013 新清单规定是按首层建筑面积计算。定额方面，有些地方和清单相同，有些地方是外墙外边线外放 2m 来计算的，下面分两种情况下讲解。

1. 清单定额均按首层建筑面积计算平整场地

这个不用计算，平整场地的工程量就是 91.12m²。

（1）定额按外墙外边线外放 2m 来计算平整场

a. 定义外放 2m 规则下平整场地　单击"其他"前面的"▷"号将其展开→单击下一级"平整场地"→单击"新建"下拉菜单→单击"新建平整场地"，修改名称为"平整场地"并套取相应的做法，如图 2.2.121 所示。

b. 画外放 2m 规则下平整场地　在"平整场地"的状态下，选中"平整场地"名称→单击"智能布置"下拉菜单→单击"点"按钮→单击外墙内任意一点，软件会自动布置好平

属性名称	属性值	附加
名称	平整场地	
场平方式	机械	☐

	编码	类别	项目名称	项目特征	单位	工程量表达式	表达式说明
1	⊟ 010101001	项	平整场地		m2	91.12	91.12
2	└ 子目1	补	平整场地(按外放2m计算)		m2	MJ	MJ<面积>

图 2.2.121

整场地，这时候平整场地在外外墙皮的位置，需要外放 2m，操作步骤如下。

单击"选择"按钮→单击画好的平整场地→单击右键弹出右键菜单→单击"偏移"→弹出"请选择偏移方式"对话框，软件默认的是"整体偏移"→单击"确定"→将鼠标往外拉，填写偏移值 2000→敲回车，这样平整场就布置好了，如图 2.2.122 所示。

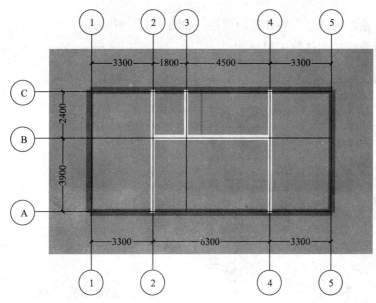

图 2.2.122

(2) 查看外放 2m 规则下平整场地软件计算结果　汇总结束后，在画"平整场地"的状态下，单击"选择"按钮→单击画好的建筑面积，单击"查看工程量"，首层建筑面积及相关量见表 2.2.35。

表 2.2.35　首层平整场地软件计算结果

编 码	项目名称	单 位	工 程 量
010101001	平整场地	m²	91.12
子目1	平整场地(按外放 2m 计算)	m²	187.92

单击"退出"按钮，退出"查看构件图元工程量"对话框。

第三章 二层工程量计算

在画构件之前，列出二层要计算的构件，如图 3.1.1 所示。

下面分别计算这些构件的工程量。

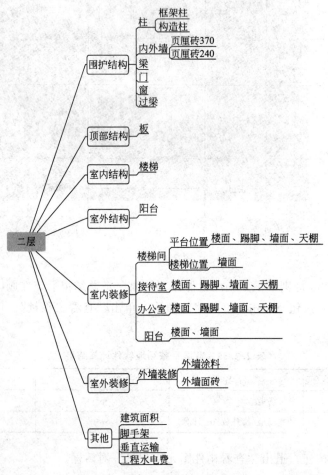

图 3.1.1

第二节　二层工程量计算

二层的构件和首层很多相同或类似，首层已经建好的构件能复制尽量复制，不能复制的才重新建立，或者复制上去进行修改，这样会大大提高工作效率，下面请根据本书的步骤进行操作。

一、将首层画好的构件复制到二层

二层的平面图见建施 2，从平面图里可以看出，二层和首层类似，只是层高不同，经过分析，除了过梁、装修、散水、台阶不需要复制上来，其他构件都可以复制上来，部分构件变化了，复制上来再做修改。

将楼层从"首层"切换在到"第 2 层"→单击"楼层"下拉菜单→单击"从其他楼层复制构件图元"，弹出"从其他楼层复制图元"对话框→在"图元选择"框空白处单击右键→单击"全部展开"→取消下列构件前的"√"，分别是"所有装修"、"建筑面积"、"平整场地"、"散水"、"台阶"，如图 3.2.1 所示。

单击"确定"，弹出"提示"对话框→单击"确定"，这样首层构件就复制到二层了，复

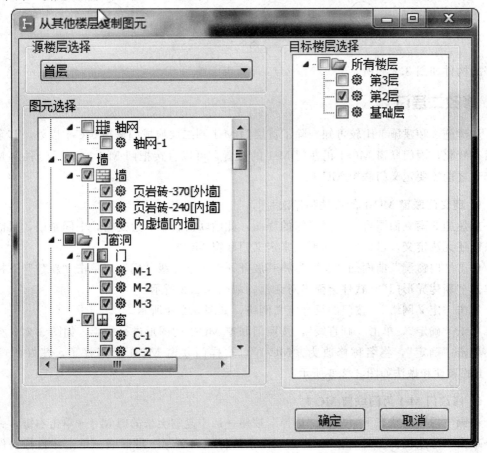

图 3.2.1

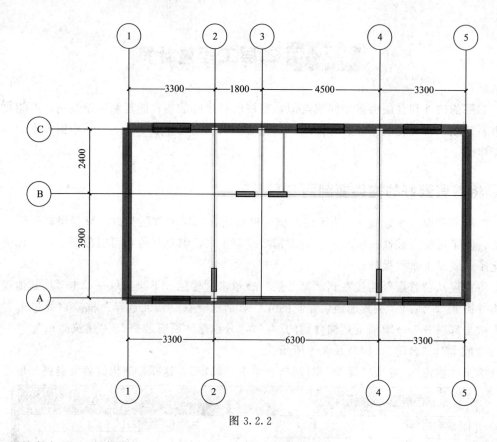

图 3.2.2

制好的构件如图 3.2.2 所示。

二、修改二层门

从建施 2 和建施 1 比较可知，除了首层门 M-1 到二层换成门联窗 MC-1 以外，其余门窗都没有变化，因门联窗 MC-1 仍在门 M-1 的位置，可以直接把门 M-1 修改了门联窗 MC-1，在修改之前需要定义门联窗 MC-1。

1. 定义门联窗 MC-1 的属性和做法

从建施 5 南立面图可看出门联窗的详图，此门联窗属于两边是窗，中间是门，目前软件门联窗还无法定义，可以新建异形门来定义门联窗 MC-1。

单击"门窗洞"前面的"▷"号将其展开→单击下一级"门"→单击"新建"下拉菜单→单击"新建异形门"，软件会弹出对话框，如图 3.2.3 所示。

单击"定义网络"，按门的尺寸定义网络，如图 3.2.4 所示。

单击"确定"，单击"画直线"，按照门联窗 MC-1 的图形进行描绘，如图 3.2.5 所示。

单击"确定"，将名称修改为"MC-1"，这样门联窗 MC-1 就建好了，建好的门联窗 MC-1 的属性和做法如图 3.2.6 所示。

2. 修改门 M-1 为门联窗 MC-1

在画"门"的状态下，单击"选择"按钮→选中复制上来的门 M-1→单击右键，弹出菜单→单击"修改构件图元名称"，弹出"修改构件图元名称"对话框→单击"目标构件"下的"MC-1"→单击"确定"，这样门 M-1 就修改成门联窗 MC-1 了，如图 3.2.7 所示。

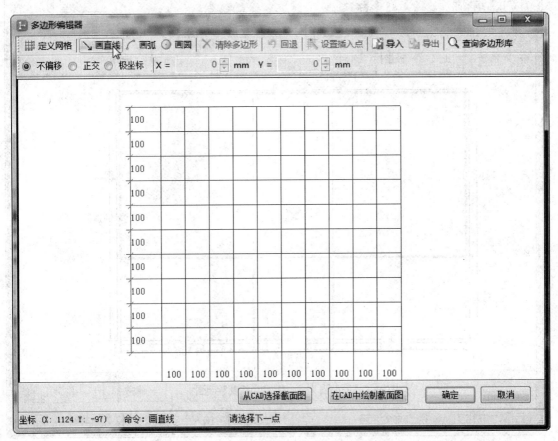

图 3.2.3

图 3.2.4

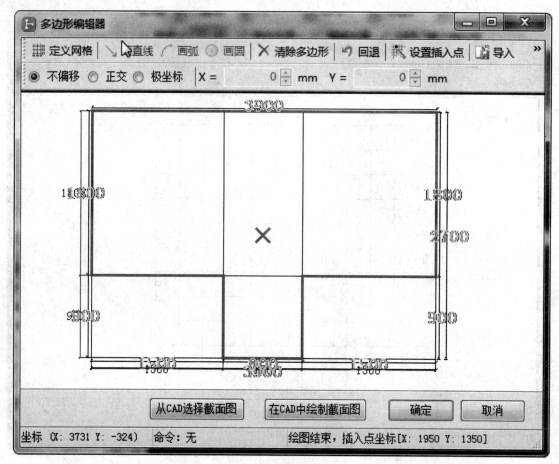

图 3.2.5

属性名称	属性值	附加
名称	MC-1	
截面形状	异形	☐
洞口宽度(	3900	☐
洞口高度(	2700	☐
框厚(mm)	0	☐
立樘距离(	0	☐
离地高度(	0	☐

	编码	类别	项目名称	项目特征	单位	工程量表达	表达式说明
1	⊟ 010802001	项	金属（塑钢）门	1. 门代号：M-1 2. 洞口尺寸：3900*2700（见图纸详图） 3. 塑钢门联窗：	m2	DKMJ	DKMJ〈洞口面积〉
2	└─ 子目1	补	塑钢门联窗MC-1		m2	DKMJ	DKMJ〈洞口面积〉

图 3.2.6

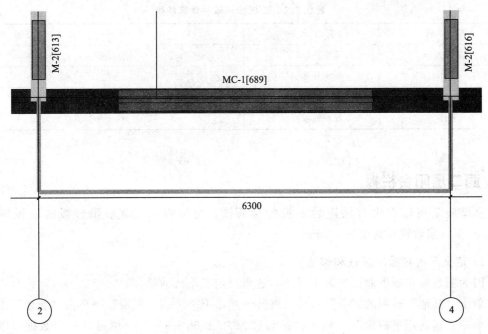

M-2[613]

M-2[616]

MC-1[689]

6300

② ④

图 3.2.7

3. 查看门联窗 MC-1 软件计算结果

汇总结束后，查看门联窗 MC-1 软件计算结果见表 3.2.1。

表 3.2.1 门联窗 MC-1 软件计算结果

编　码	项 目 名 称	单　位	工 程 量
010802001	金属（塑钢）门	m²	7.83
子目 1	塑钢门联窗 MC-1	m²	7.83

三、修改二层楼梯

从结施 8 楼梯图里可以看出，二层楼梯和首层楼梯没有太大区别，梯板、梯梁、楼梯和楼梯休息平台和首层都相同，唯一不同的是梯柱，二层梯柱生根为首层顶梁，修改一下其底标高。

1. 调整梯柱底标高

在画"柱"的状态下→单击"批量选择"→单击"TZ1"→单击"确定"→将底标高修改为"1.75"，如图 3.2.8 所示。

2. 查看梯柱的软件计算结果

汇总结束后，查看梯柱软件计算结果见表 3.2.2。

属性名称	属性值
名称	TZ1
类别	框架柱
材质	预拌混凝土
砼类型	(预拌砼)
砼标号	(C30)
截面宽度(mm)	300
截面高度(mm)	200
截面面积(m2)	0.06
截面周长(m)	1
顶标高(m)	5.35
底标高(m)	层底标高(3.55)
模板类型	复合模板

图 3.2.8

表 3.2.2 二层梯柱软件计算结果

编　码	项 目 名 称	单　位	工　程　量
010502001	矩形柱(梯柱)	m³	0.216
子目1	梯柱体积	m³	0.216
011702002	矩形柱(梯柱)	m²	3.6
子目1	梯柱模板面积	m²	3.6

四、画二层阳台栏板

从结施 7 可以看出首层阳台栏板的剖面图，可以看出，首层阳台板的底板厚度为 140mm 厚，阳台栏板高度为 900mm。

1. 定义阳台栏板的属性和做法

因为阳台板在板里面已经处理过了，这里只定义阳台的栏板。

单击"其他"前面的"▷"号使其展开→单击下一级的"栏板"→单击"新建"下拉菜单→单击"新建矩形栏板"→修改栏板名称为"LB-60×900"→填写好相应数据，修改好的栏板属性和做法如图 3.2.9 所示。

属性名称	属性值	附加
名称	LB-60*900	
材质	预拌混凝	☐
砼类型	(预拌砼)	☐
砼标号	(C20)	☐
截面宽度(	60	☐
截面高度(	900	☐
截面面积(m	0.054	☐
起点底标高	层底标高	☐
终点底标高	层底标高	☐
轴线距左边	(30)	☐

	编码	类别	项目名称	项目特征	单位	工程量表达式	表达式说明	措施项
1	⊟ 010505006	项	栏板	1. 混凝土种类：预拌 2. 混凝土强度等级：C30	m3	TJ	TJ〈体积〉	☐
2	└ 子目1	补	阳台栏板体积		m3	TJ	TJ〈体积〉	☐
3	⊟ 011702021	项	栏板	1. 普通模板：	m2	MBMJ	MBMJ〈模板面积〉	☑
4	└ 子目1	补	阳台栏板模板面积		m2	MBMJ	MBMJ〈模板面积〉	☑

图 3.2.9

2. 画阳台栏板

(1) 打辅助轴线 要画阳台栏板首先要找阳台栏板的中心线，从建施工 7 可以看出，阳台的左右栏中心线就是 2 轴和 4 轴上，阳台前栏板的中心线距离 A 轴距离为 1420(1200＋250－30)，需要打一条距离 A 轴为 1700 的辅助轴线，然后延伸 2、4 轴线与其相交。打好

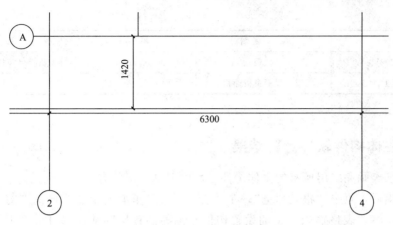

图 3.2.10

的辅助轴线如图 3.2.10 所示。

（2）画阳台栏板 在画"栏板"的状态下，选中"LB-60×900"名称，单击"直线"按钮→单击 A 轴与 2 轴交点→单击辅轴与 2 轴交点→单击辅轴与 4 轴交点→单击 A 轴与 4 轴交点→单击右键结束，这样阳台栏板就画好了，如图 3.2.11 所示。

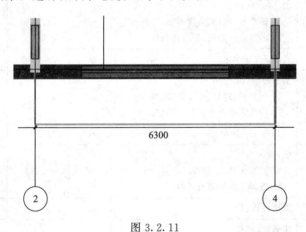

图 3.2.11

画完阳台栏板后，删除不用的辅助轴线使界面更清晰。另外 2、4 轴线延伸的轴线也可以恢复回去，操作步骤如下：

单击屏幕上方的"恢复轴线"→单击 2 轴线延伸出来的轴线→单击 4 轴线延伸出来的轴线，延伸出来的轴线会恢复到初始状态。

3. 查看阳台栏板软件计算结果

汇总结束后，在画"栏板"的状态下，单击"选择"按钮→单击"批量选择"按钮，弹出"批量选择构件图元"对话框→勾选"LB-60×900"→单击"确定"→单击"查看工程量"按钮→单击"做法工程量"，二层阳台栏板工程量见表 3.2.3。

表 3.2.3 二层阳台栏板工程量汇总表

编 码	项目名称	单 位	工 程 量
010505006	栏板	m³	0.4666
子目 1	阳台栏板体积	m³	0.4666

编　码	项目名称	单　位	工　程　量
011702021	栏板	m²	15.552
子目1	阳台栏板模板面积	m²	15.552

五、二层主体构件软件计算结果

到这里已经画完二层所有的主体构件，可以汇总二层所有主体工程量。

汇总结束后，点击"报表预览"，在"绘图输入"里面的设置构件范围的"第2层"前面都打上钩，将"表格输入"里的设置构件范围的"首层"前面都打上钩去掉，点击"确定"，软件默认的是"清单汇总表"。为了和手工对比方便，选用"清单定额汇总表"，首层的清单和定额工程量就呈现出来了，也和手工进行对比，见表3.2.4。

表3.2.4　二层主体软件和手工工程量对比

序号	编码	项目名称	单位	工程量	软件工程量	手工工程量
1	010401003001	实心砖墙(外墙) 1. 砖品种、规格、强度等级:页岩砖 2. 砂浆强度等级、配合比:M5	m³	28.5803	28.5803	
	子目1	页岩砖370体积	m³	28.5803	28.5803	
2	010401003002	实心砖墙(内墙) 1. 砖品种、规格、强度等级:页岩砖 2. 砂浆强度等级、配合比:M5	m³	11.8061	11.8061	
	子目1	页岩砖240体积	m³	11.8061	11.8061	
3	010502001001	矩形柱 1. 混凝土种类:预拌 2. 混凝土强度等级:C30	m³	7.632	7.632	
	子目1	框架柱体积	m³	7.632	7.632	
4	010502001003	矩形柱(梯柱) 1. 混凝土种类:预拌 2. 混凝土强度等级:C30	m³	0.216	0.216	
	子目1	梯柱体积	m³	0.432	0.432	
5	010502002001	构造柱 1. 混凝土种类:预拌 2. 混凝土强度等级:C20	m³	1.5998	1.5998	
	子目1	构造柱体积	m³	1.5998	1.5998	
6	010503005001	过梁 1. 混凝土种类:预拌 2. 混凝土强度等级:C20	m³	1.5224	1.5224	
	子目1	过梁体积	m³	1.5224	1.5224	
7	010505001001	有梁板(框架梁) 1. 混凝土种类:预拌 2. 混凝土强度等级:C30	m³	8.442	8.442	
	子目1	框架梁体积	m³	8.442	8.442	

续表

序号	编码	项目名称	单位	工程量	软件工程量	手工工程量
8	010505001002	有梁板（非框架梁） 1. 混凝土种类：预拌 2. 混凝土强度等级：C30	m³	0.2074	0.2074	
	子目1	非框架梁体积	m³	0.2074	0.2074	
9	010505001003	有梁板（板） 1. 混凝土种类：预拌 2. 混凝土强度等级：C30	m³	7.449	7.449	
	子目1	板体积	m³	7.449	7.449	
10	010505001004	有梁板（阳台板） 1. 混凝土种类：预拌 2. 混凝土强度等级：C30	m³	0.7632	0.7632	
	子目1	阳台板体积	m³	0.7632	0.7632	
11	010505001005	有梁板（楼梯平台板） 1. 混凝土种类：预拌 2. 混凝土强度等级：C30	m³	0.1577	0.1577	
	子目1	楼梯平台板体积	m³	0.1577	0.1577	
12	010505006001	栏板 1. 混凝土种类：预拌 2. 混凝土强度等级：C30	m³	0.4666	0.4666	
	子目1	阳台栏板体积	m³	0.4666	0.4666	
13	010506001001	直形楼梯 1. 混凝土种类：预拌 2. 混凝土强度等级：C30	m²	7.6248	7.6248	
	子目1	楼梯混凝土投影面积	m²	7.6248	7.6248	
14	010801001001	木质门 1. 门代号：M-2 2. 洞口尺寸：900×2400 3. 装饰门	樘	7.47	7.47	
	子目1	装饰门	m²	7.47	7.47	
	子目2	水泥砂浆后塞口	m²	7.47	7.47	
15	010802001002	金属（塑钢）门 1. 门代号：M-1 2. 洞口尺寸：3900×2700（见图纸详图） 3. 塑钢门联窗	m²	7.83	7.83	
	子目1	塑钢门联窗 MC-1	m²	7.83	7.83	
16	010807001001	金属（塑钢、断桥）窗 1. 洞口尺寸：1500×1800 2. 窗代号：C-1 3. 材质：塑钢推拉窗	樘	10.8	10.8	
	子目1	塑钢推拉窗	m²	10.8	10.8	
	子目2	水泥砂浆后塞口	m²	10.8	10.8	

续表

序号	编码	项目名称	单位	工程量	软件工程量	手工工程量
17	010807001002	金属(塑钢、断桥)窗 1. 洞口尺寸:1800×1800 2. 窗代号:C-2 3. 材质:塑钢推拉窗	樘	3.24	3.24	
	子目1	塑钢推拉窗	m²	3.24	3.24	
	子目2	水泥砂浆后塞口	m²	3.24	3.24	
18	011106002001	块料楼梯面层 楼1	m²	7.6248	7.6248	
	子目1	块料楼梯面层	m²	7.6248	7.6248	
19	011301001001	天棚抹灰 棚B	m²	9.165	9.165	
	子目1	楼梯底部抹灰面积	m²	9.165	9.165	
	子目2	楼梯底部涂料面积	m²	9.165	9.165	

单击"措施项目",选用"清单定额汇总表",二层的清单和定额工程量就呈现出来了,也和手工进行对比,见表 3.2.5。

表 3.2.5 二层措施实体软件和手工工程量对比

序号	编码	项目名称	单位	软件工程量	手工工程量
1	011701001001	综合脚手架(外墙内)	m²	91.12	
	子目1	综合脚手架	m²	91.12	
2	011701001002	综合脚手架(阳台)	m²	3.816	
	子目1	综合脚手架	m²	3.816	
3	011702002001	矩形柱 普通模板	m²	66.24	
	子目1	框架柱模板面积	m²	66.24	
	子目2	框架柱超高模板面积	m²	0	
4	011702002002	矩形柱(梯柱) 普通模板	m²	3.6	
	子目1	梯柱模板面积	m²	3.6	
5	011702003001	构造柱 普通模板	m²	9.82	
	子目1	构造柱模板面积	m²	9.82	
6	011702009001	过梁 普通模板	m²	13.669	
	子目1	过梁模板面积	m²	13.669	
7	011702014001	有梁板(框架梁) 普通模板	m²	60.809	
	子目1	框架梁模板面积	m²	60.809	
	子目2	框架梁超高模板面积	m²	0	

续表

序号	编码	项目名称	单位	软件工程量	手工工程量
8	011702014002	有梁板(非框架梁) 普通模板	m²	1.8144	
	子目1	非框架梁模板面积	m²	1.8144	
	子目2	非框架梁超高模板面积	m²	0	
9	011702014003	有梁板(板) 普通模板	m²	62.4128	
	子目1	模板面积	m²	62.4128	
	子目2	超高模板面积	m²	0	
10	011702014004	有梁板(阳台板) 普通模板	m²	8.508	
	子目1	阳台板模板面积	m²	8.508	
11	011702014005	有梁板(楼梯平台板) 普通模板	m²	1.5768	
	子目1	楼梯平台板面积	m²	1.5768	
	子目2	楼梯平台板超高模板面积	m²	0	
12	011702021001	栏板 普通模板	m²	15.552	
	子目1	阳台栏板模板面积	m²	15.552	
13	011702024001	楼梯 普通模板	m²	7.6248	
	子目1	楼梯模板面积	m²	7.6248	
14	011703001001	垂直运输(外墙内)	m²	91.12	
	子目1	垂直运输	m²	91.12	
15	011703001002	垂直运输(阳台)	m²	3.816	
	子目1	垂直运输	m²	3.816	

六、室内装修

从建施 2 可以看出首层有四类房间,分别为休息室、工作室、楼梯间和阳台,每个房间的具体装修做法在建筑总说明里有详细的说明。定义所有房间的地面、踢脚或墙裙、墙面和天棚这些分构件,然后按照图纸要求组合到各个房间。

1. 定义二层房间的分构件的属性和做法

二层房间的分构件有地面、踢脚、墙面、天棚,下面分别定义。

(1) 二层地面的属性和做法　二层一共有楼 1、楼 2 和楼 3 三种地面,从建筑总说明里可以看出这两种地面的详细做法,列出楼面做法与清单定额的对应关系。

a. 二层楼面做法与清单定额的对应关系　二层楼面做法与清单定额的对应关系见表 3.2.6～表 3.2.8。

表 3.2.6　楼 1 做法与清单定额的对应关系

清单					定额			
项目编码	项目名称	项目特征	单位	工程量表达式	子目	查套定额关键词	单位	工程量表达式
11102003	楼 1 铺瓷砖地面	1. 1.5 厚铺 800×800×10 瓷砖,白水泥擦缝 2. 20 厚 1:4 干硬性水泥砂浆黏结层 3. 素水泥结合层一道 4. 35 厚 C15 细石混凝土找平层 5. 素水泥结合层一道 6. 钢筋混凝土楼板	m²	块料地面面积	子目 1	5 厚铺 800×800×10 瓷砖	m²	块料地面面积
					子目 2	35 厚 C15 细石混凝土找平层	m²	地面积

表 3.2.7　楼 2 做法与清单定额的对应关系

清单					定额			
项目编码	项目名称	项目特征	单位	工程量表达式	子目	查套定额关键词	单位	工程量表达式
11102003	地 2 铺地砖防水地面	1. 1.5 厚聚合物水泥基防水涂料 1. 5 厚铺 300×300×10 瓷砖,白水泥擦缝 2. 20 厚 1:4 干硬性水泥砂浆黏结层 3. 1.5 厚聚合物水泥基防水涂料 4. 35 厚 C15 细石混凝土找平层 5. 素水泥结合层一道 6. 钢筋混凝土楼板	m²	块料地面面积	子目 1	5 厚铺 300×300×10 瓷砖	m²	块料地面面积
					子目 2	1.5 厚聚合物水泥基防水涂料	m²	地面积
					子目 3	35 厚 C15 细石混凝土找平层	m²	地面积

表 3.2.8　楼 3 做法与清单定额的对应关系

清单					定额			
项目编码	项目名称	项目特征	单位	工程量表达式	子目	查套定额关键词	单位	工程量表达式
11102003	地 3 铺地砖防水地面	1. 铺 300×300 瓷质防滑地砖,白水泥擦缝 2. 20 厚 1:4 干硬性水泥砂浆粘结层 素水泥结合层一道 4. 钢筋混凝土楼梯	m²	块料地面面积	子目 1	5 厚铺 300×300×10 瓷砖	m²	地面积

　　b. 定义二层地面的属性和做法　单击"装修"前面的"▷"号使其展开→单击"楼地面"→单击"新建"下拉菜单→单击"新建楼地面"→修改名称为"楼 1",建立好的楼 1 属性和做法如图 3.2.12 所示。

　　用同样的方法建立"楼 2",建立好的楼 2 属性和做法如图 3.2.13 所示。

　　"楼 3"属于楼梯的地面装修做法,在计算楼梯时已经考虑过了,这里就不再考虑。

属性名称	属性值	附加
名称	楼1	
块料厚度(	0	☐
顶标高(m)	层底标高	☐
是否计算防	否	☐
备注		☐

	编码	类别	项目名称	项目特征	单位	工程量表达式	表达式说明
1	⊟ 011102003	项	块料楼地面	1. 1.5厚铺800×800×10瓷砖，白水泥擦缝； 2. 素水泥结合层一道； 3. 35厚C15细石混凝土找平层； 4. 钢筋混凝土楼板； 5. 20厚1:4干硬性水泥砂浆粘结层； 6. 素水泥浆结合层一道。	m2	KLDMJ	KLDMJ<块料地面积>
2	— 子目1	补	5厚铺800×800×10瓷砖		m2	KLDMJ	KLDMJ<块料地面积>
3	— 子目2	补	35厚C15细石混凝土找平层		m2	DMJ	DMJ<地面积>

图 3.2.12

属性名称	属性值	附加
名称	楼2	
块料厚度(	0	☐
顶标高(m)	层底标高	☐
是否计算防	否	☐
备注		☐

	编码	类别	项目名称	项目特征	单位	工程量表达式	表达式说明
1	⊟ 011102003	项	块料楼地面	1. 1.5厚聚合物水泥基防水涂料； 2. 5厚铺300×300×10瓷砖，白水泥擦缝； 3. 35厚C15细石混凝土找平层； 4. 钢筋混凝土楼板。	m2	KLDMJ	KLDMJ<块料地面积>
2	— 子目1	补	5厚铺300×300×10瓷砖		m2	KLDMJ	KLDMJ<块料地面积>
3	— 子目2	补	1.5厚聚合物水泥基防水涂料		m2	DMJ	DMJ<地面积>
4	— 子目3	补	35厚C15细石混凝土找平层		m2	DMJ	DMJ<地面积>

图 3.2.13

（2）二层其他室内构件的属性和做法　二层踢脚有踢A踢脚，内墙有内墙A和内墙B两种墙面，天棚有棚B天棚，吊顶有棚A吊顶，这些构件在首层已经定义过了，可以将首层定义的踢脚复制上来，操作步骤如下：

单击"装修"定义界面→单击"从其他楼层复制构件"→弹出"从其他楼层复制构件"对话框→单击"源楼层"里"首层"→单击"复制构件"里的"踢A"，"内墙A"、"内墙B"，棚B，棚A，这样首层的构件就复制上来了，如图3.2.14所示。

2. 二层房间组合

从建施1首层平面图可以看出，二层房间和首层有所变化，有的房间由墙裙变为踢脚，有的房间吊顶高度发生变化，按建筑总说明的装修做法重新整理一下复制上来的房间。

（1）组合楼梯间（平台位置）　二层楼梯间（平台位置）只是和首层楼梯间（平台位置）地面由地1变为楼1，其他没有变化，组合好的楼梯间如图3.2.15所示。

图 3.2.14

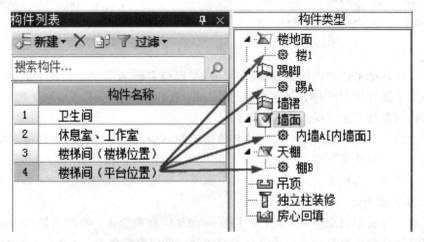

图 3.2.15

（2）组合楼梯间（楼梯位置） 二层楼梯间（楼梯位置）的地面和天棚在计算楼梯时已经考虑过了，这里只计算墙面，组合好的"楼梯间（楼梯位置）"如图 3.2.16 所示。

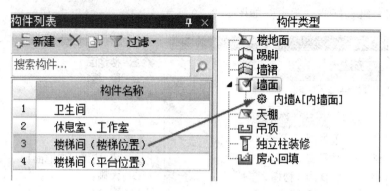

图 3.2.16

（3）组合"休息室、工作室"房间 二层"休息室、工作室"房间和首层"办公室、财务处"房间做法基本相同，只是地面由"地 1"换为"楼 1"组合好的"休息室、工作室"如图 3.2.17 所示。

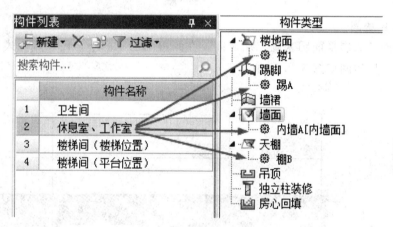

图 3.2.17

（4）组合"卫生间"房间 "卫生间"房间和首层"卫生间"房间做法基本相同，只是地面由"地 2"换为"楼 2"组合好的"卫生间"，如图 3.2.18 所示。

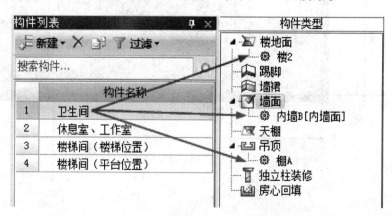

图 3.2.18

（5）组合"阳台"房间　二层比首层多了个阳台，从总说明里可以看出，"阳台"房间装修和"休息室、工作室"做法完全一样，完全可以用"休息室、工作室"复制房间修改成"阳台"房间，组合好的"阳台"如图 3.2.19 所示。

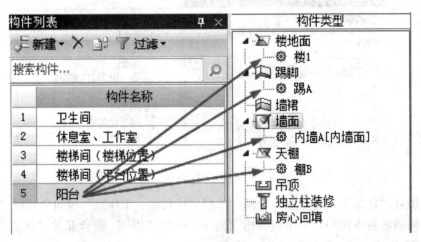

图 3.2.19

3. 画二层房间

根据建施 2 二层平面图来画二层房间，在画房间的状态下，用"点"式画法画二层房间，画好的二层房间如图 3.2.20 所示。

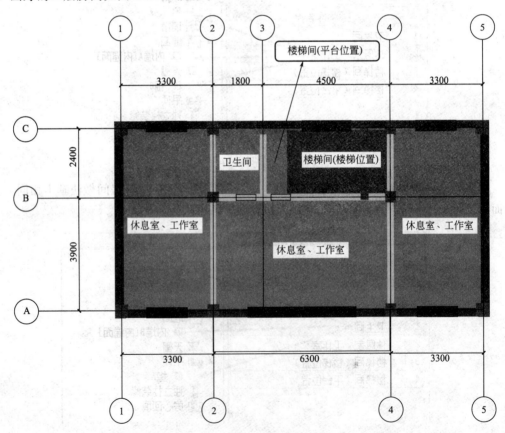

图 3.2.20

4. 查看房间装修软件计算结果

二层有好几个房间，按照建施2的房间名称一个一个来查看。

（1）楼梯间装修工程量软件计算结果　汇总结束后，选中楼梯间两个房间→单击"查看工程量"，二层楼梯间装修工程量软件计算结果见表3.2.9。

表 3.2.9　二层楼梯间装修工程量软件计算结果

编码	项目名称	单位	工程量
011102003	块料楼地面	m²	1.65
子目2	35厚C15细石混凝土找平层	m²	1.5768
子目1	5厚铺800×800×10瓷砖	m²	1.65
011301001	天棚抹灰	m²	3.5208
子目3	10厚1∶1∶4混合砂浆打底	m²	3.5208
子目2	2厚1∶2.5纸筋灰罩面	m²	3.5208
子目1	抹灰面刮两遍仿瓷涂料	m²	3.5208
011201001	墙面一般抹灰	m²	42.66
子目2	底层抹灰水泥砂浆	m²	41.047
子目1	抹灰面刮两遍仿瓷涂料	m²	42.66
011105001	水泥砂浆踢脚线	m²	0.301
子目1	8厚1∶2.5水泥砂浆罩面 8厚1∶3水泥砂浆打底扫毛或划出纹	m	3.01

（2）**休息室装修工程量软件计算结果**　二层休息室装修工程量软件计算结果见表3.2.10。

表 3.2.10　二层休息室装修工程量软件计算结果

编码	项目名称	单位	工程量
011102003	块料楼地面	m²	23.2635
子目2	35厚C15细石混凝土找平层	m²	22.1796
子目1	5厚铺800×800×10瓷砖	m²	23.2635
011301001	天棚抹灰	m²	22.1796
子目3	10厚1∶1∶4混合砂浆打底	m²	22.1796
子目2	2厚1∶2.5纸筋灰罩面	m²	22.1796
子目1	抹灰面刮两遍仿瓷涂料	m²	22.1796
011201001	墙面一般抹灰	m²	55.5257
子目2	底层抹灰水泥砂浆	m²	52.3512
子目1	抹灰面刮两遍仿瓷涂料	m²	55.5257
011105001	水泥砂浆踢脚线	m²	1.524
子目1	8厚1∶2.5水泥砂浆罩面 8厚1∶3水泥砂浆打底扫毛或划出纹	m	15.24

（3）**定额计价工作室（清单计价工作室）装修工程量软件计算结果**　二层定额计价工作室（清单计价工作室）装修工程量软件计算结果见表3.2.11。

表 3.2.11　二层定额计价工作室装修工程量软件计算结果

编　码	项 目 名 称	单　位	工 程 量
011102003	块料楼地面	m²	18.565
子目 4	150 厚 3∶7 灰土垫层	m	2.7815
子目 2	20 厚 1∶3 水泥砂浆找平	m²	18.5436
子目 3	50 厚 C15 混凝土垫层	m³	0.9272
子目 1	5 厚铺 800×800×10 瓷砖	m²	18.565
011301001	天棚抹灰	m²	18.5436
子目 3	10 厚 1∶1∶4 混合砂浆打底	m²	18.5436
子目 2	2 厚 1∶2.5 纸筋灰罩面	m²	18.5436
子目 1	抹灰面刮两遍仿瓷涂料	m²	18.5436
011201001	墙面一般抹灰	m²	57.824
子目 2	底层抹灰水泥砂浆	m²	56.472
子目 1	抹灰面刮两遍仿瓷涂料	m²	57.824
011105001	水泥砂浆踢脚线	m²	1.734
子目 1	8 厚 1∶2.5 水泥砂浆罩面 8 厚 1∶3 水泥砂浆打底扫毛或划出纹	m	17.34

（4）卫生间装修工程量软件计算结果　二层卫生间装修工程量软件计算结果见表 3.2.12。

表 3.2.12　二层卫生间装修工程量软件计算结果

编　码	项 目 名 称	单　位	工 程 量
011102003	块料楼地面	m²	3.4428
子目 2	1.5 厚聚合物水泥基防水涂料	m²	3.3696
子目 3	35 厚 C15 细石混凝土找平层	m²	3.3696
子目 1	5 厚铺 300×300×10 瓷砖	m²	3.4428
011302001	吊顶天棚	m²	3.3696
子目 1	1.0 厚铝合金条板	m²	3.3696
子目 2	U 型轻钢龙骨	m²	3.3696
011201001	墙面一般抹灰	m²	21.339
子目 2	1.5 厚聚合物水泥基防水涂料	m²	22.233
子目 3	9 厚 1∶3 水泥砂浆打底扫毛或划出纹道	m²	22.233
子目 1	粘贴 5～6 厚面砖	m²	21.339

七、室外装修

二层室外装修做法见建筑总说明的外墙 1、外墙 2，具体装修的位置从建施 5、建施 6、建施 7 的立面图可以反映出来，从几个立面图可以看出，二层阳台栏板外墙面为贴陶质釉面砖外墙，其余外墙面为涂料外墙，其中涂料外墙在首层已经定义过，仅定义外墙 1 墙面就可以了。

1. 复制首层外墙 2 的属性和做法

在"定义"界面里，单击"装修"下拉菜单"墙面"→单击"从其他楼层复制构件"→弹出"从其他楼层复制构件"对话框（图 3.2.21）→单击"源楼层"里"首层"→单击"复制构件"里"外墙 2"，这样首层的"外墙 2"就复制上来了。

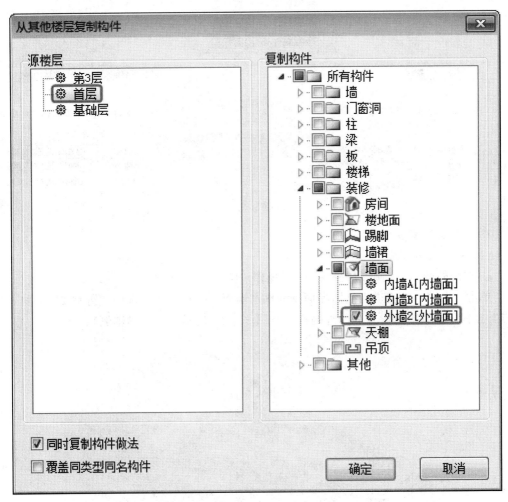

图 3.2.21

2. 定义外墙 1 的属性和做法

a. 外墙 1 做法与清单定额对应关系 外墙 1 做法与清单定额对应关系见在首层已经定义过了，这里不再赘述。

b. 定义外墙 1（外墙面）的属性和做法 单击"装修"前面的"▷"使其展开→单击下一级的"墙裙"→单击"新建"下拉菜单→单击"新建外墙面"→修改名称为"外墙 1"，建立好的外墙 1 属性和做法如图 3.2.22 所示。

为了便于外装修更直观，材质还选择"外墙面砖 1"。

属性名称	属性值	附加
名称	外墙1	
所附墙材质	(程序自动	☐
块料厚度(	0	☐
内/外墙面	外墙面	☑
起点顶标高	墙顶标高	☐
终点顶标高	墙顶标高	☐
起点底标高	墙底标高	☐
终点底标高	墙底标高	☐

	编码	类别	项目名称	项目特征	单位	工程量表达式	表达式说明
1	⊟ 011204003	项	块料墙面	1. 1:1水泥（或水泥掺色）砂浆（细砂）勾缝； 2. 贴194×94陶质外墙釉面砖； 3. 6厚1:2水泥砂浆； 4. 12厚1:3水泥砂浆打底扫毛或划出纹道； 5. 刷素水泥浆一遍（内掺建筑胶）	m2	QMKLMJ	QMKLMJ<墙面块料面积>
2	子目1	补	外墙釉面砖粘贴墙面		m2	QMKLMJ	QMKLMJ<墙面块料面积>
3	子目2	补	6厚1:2.5水泥砂浆找平		m2	QMMHMJ	QMMHMJ<墙面抹灰面积>
4	子目3	补	12厚1:3水泥砂浆打底扫毛或划出纹道		m2	QMMHMJ	QMMHMJ<墙面抹灰面积>

图 3.2.22

3. 画二层外墙装修

（1）画二层外墙面

a. 点画外墙面 2 画二层外墙面 2，操作步骤如下。

单击"绘图"按钮进入绘图界面→在画"墙面"的状态下→选中"外墙 2"名称→单击"点"按钮→分别点每段外墙的外墙皮，如图 3.2.23 所示（西南等轴侧）。

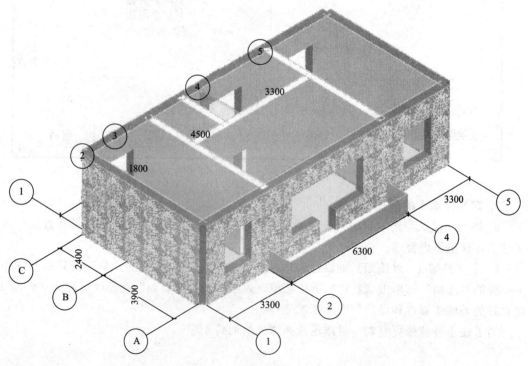

图 3.2.23

b. 画二层外墙面 1 在画"墙面"的状态下→选中"外墙 1"名称→单击"点"按钮→分别点阳台栏板外墙面，如图 3.2.24 所示（西南等轴侧）。

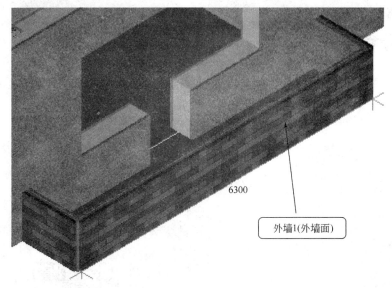

图 3.2.24

此时阳台栏板外装修，并没有装修到阳台板底，因阳台板底侧面也需要装修，我们要将外墙 1 底标高修改到阳台板底，操作步骤如下。

在画"墙面"的状态下，批量选择"外墙 1"→在其属性里将底标高修改为"墙底标高－0.1"→单击右键弹出右键菜单→单击"取消选择"，这样阳台素材板外装修就修改到板底了，如图 3.2.25 所示。

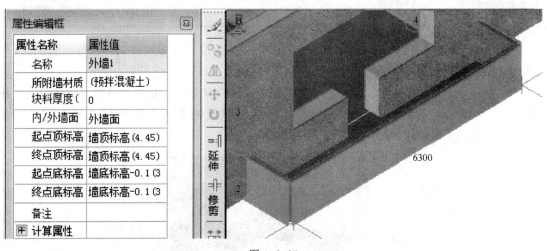

图 3.2.25

看完三维图后，将图恢复到俯视状态。

（2）画二层阳台板底装修

a. 复制首层外墙 2（阳台板底）的属性和做法 在"定义"界面里，单击"装修"下拉菜单"天棚"→单击"从其他楼层复制构件"→弹出"从其他楼层复制构件"对话框（图 3.2.26）→单击"源楼层"里"首层"→单击"复制构件"里"外墙 2"，这样首层的

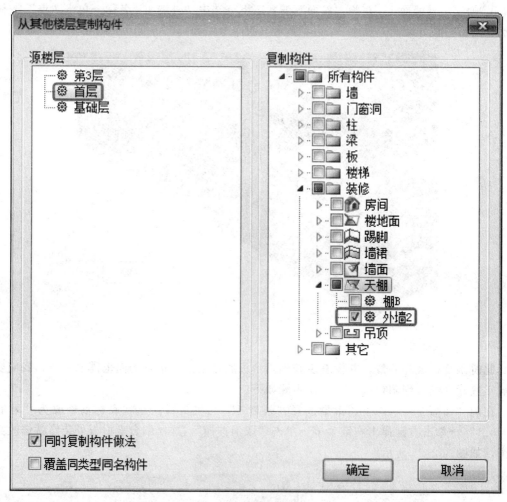

图 3.2.26

"外墙 2"就复制上来了。

　　b. 画外墙 2（阳台板底）天棚装修　在画"天棚"状态下，选中"外墙 2"→单击"智能布置"→单击"现浇板"→单击阳台板，这样阳台板底天棚装修就布置上了，如图 3.2.27 所示（东南等轴侧）。

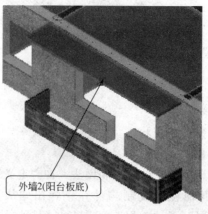

图 3.2.27

将图恢复到俯视状态。

（3）画二层阳台楼面装修 阳台楼面装修从建施 7 剖面图里可以看出阳台地面装修。

a. 二层阳台楼面做法与清单定额的对应关系 二层阳台楼面做法与清单定额的对应关系见表 3.2.13。

表 3.2.13 二层阳台楼面做法与清单定额的对应关系

清　　单					定　　额			
项目编码	项目名称	项目特征	单位	工程量表达式	子目	查套定额关键词	单位	工程量表达式
11102003	阳台楼面铺防滑地砖	1. 铺设防滑地砖 2. 20 厚 1：2 水泥砂浆保护层 3. 3 厚 SBS 防水层四周上翻 200 4. 20 厚 1：2 水泥砂浆找平层 5. 钢筋混凝土板	m²	块料地面面积	子目 1	铺设防滑地砖	m²	块料地面面积
					子目 2	20 厚 1：2 水泥砂浆保护层	m²	地面面积
					子目 3	3 厚 SBS 防水层四周上翻 200	m²	地面面积
					子目 4	20 厚 1：2 水泥砂浆找平层	m²	地面面积

b. 定义二层阳台楼面属性和做法 单击"装修"前面的"▷"使其展开→单击下一级的"楼地面"→单击"新建"下拉菜单→单击"新建楼地面"→修改名称为"阳台楼面"，建立好的阳台地面的属性和做法如图 3.2.28 所示。

属性名称	属性值	附加
名称	阳台楼面	
块料厚度(	0	☐
顶标高(m)	层底标高	☐

	编码	类别	项目名称	项目特征	单位	工程量表	表达式说明
1	⊟ 011102003	项	块料楼地面	1. 铺设防滑地砖； 2. 20厚1：2水泥砂浆保护层； 3. 3厚SBS防水层四周上翻200mm； 4. 20厚1：2水泥砂浆找平层； 5. 钢筋混凝土板。	m2	KLDMJ	KLDMJ<块料地面积>
2	子目1	补	铺设防滑地砖		m2	KLDMJ	KLDMJ<块料地面积>
3	子目2	补	20厚1：2水泥砂浆保护层		m2	DMJ	DMJ<地面积>
4	子目3	补	3厚SBS防水层四周上翻200mm		m2	DMJ+DMZC*0.2	DMJ<地面积>+DMZC<地面周长>*0.2
5	子目4	补	20厚1：2水泥砂浆找平层		m2	DMJ	DMJ<地面积>

图 3.2.28

（4）画阳台地面装修 在画"地面"状态下，选中"阳台地面"→单击"点"→单击"阳台部位"任意一点，这样阳台地面装修就布置上了，如图 3.2.29 所示。

（5）画二层阳台内墙面装修 阳台内墙面装修从建施 7 剖面图里可以看出是外墙 2，直接点画就可以了。在画"墙面"状态下，选中"外墙 2"→单击"点"→单击阳台栏板内侧，如图 3.2.30 所示。

将图恢复到俯视状态。

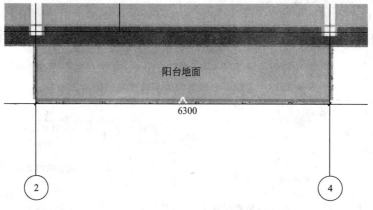

图 3.2.29

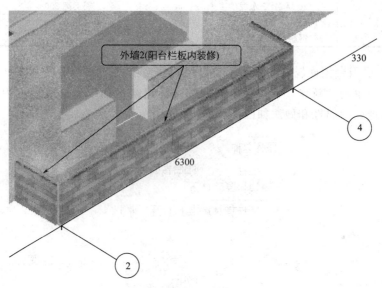

图 3.2.30

4. 查看外墙装修软件计算结果

首层外装修一共有 5 个工程量，为了与手工对量方便，也便于自查，分别来对量。

（1）查看阳台底板天棚软件计算结果　汇总结束后，在画"天棚"的状态下，单击"选择"按钮→选中画好的阳台底板天棚→单击"查看工程量"按钮→单击"做法工程量"，阳台底板天棚的软件计算结果见表 3.2.14。

表 3.2.14　阳台底板天棚软件计算结果

编　码	项 目 名 称	单　位	工 程 量
011301001	天棚抹灰	m²	7.632
子目 3	12 厚 1：3 水泥砂浆打底	m²	7.632
子目 2	6 厚 1：2.5 水泥砂浆找平	m²	7.632
子目 1	喷 HJ80-1 型无机建筑涂料	m²	7.632

单击"退出"按钮，退出"查看构件图元工程量"对话框。

（2）查看外墙1（外墙面）软件计算结果　在画"墙面"的状态下，单击"选择"按钮→单击"批量选择"按钮，弹出"批量选择构件图元"对话框→勾选"外墙1"→单击"确定"→单击"查看工程量"按钮→单击"做法工程量"，外墙1（外墙面）软件计算结果见表3.2.15。

表 3.2.15　外墙 1（外墙面）软件计算结果

编　码	项目名称	单　位	工程量
011204003	块料墙面	m^2	8.76
子目 3	12 厚 1：3 水泥砂浆打底	m^2	8.76
子目 2	6 厚 1：2 水泥砂浆罩面	m^2	8.76
子目 1	外墙釉面砖粘贴墙面	m^2	8.76

单击"退出"按钮，退出"查看构件图元工程量"对话框。

（3）查看外墙2软件计算结果　在画"墙面"的状态下，单击"选择"按钮→单击"批量选择"按钮，弹出"批量选择构件图元"对话框→勾选"外墙2"→单击"确定"→单击"查看工程量"按钮→单击"做法工程量"，外墙2软件计算结果见表3.2.16。

表 3.2.16　外墙 2 软件计算结果

编　码	项目名称	单　位	工程量
011201001	墙面一般抹灰	m^2	130.4944
子目 3	12 厚 1：3 水泥砂浆打底	m^2	130.4944
子目 2	6 厚 1：2.5 水泥砂浆找平	m^2	130.4944
子目 1	喷 HJ80-1 型无机建筑涂料	m^2	138.6165

单击"退出"按钮，退出"查看构件图元工程量"对话框。

八、二层建筑面积及相关量

二层建筑面积包括外墙皮以内的建筑面积及阳台建筑面积，计算规则在首层已经介绍过了。

1. 定义二层建筑面积及相关量的属性和做法

a. 复制首层建筑面积及相关量（外墙内）的属性和做法　在"定义"界面里，单击"其他"下拉菜单"建筑面积"→单击"从其他楼层复制构件"→弹出"从其他楼层复制构件"对话框（图3.2.31）→单击"源楼层"里"首层"→单击"复制构件"里"建筑面积及相关量"，这样首层的"建筑面积及相关量"就复制上来了。

b. 定义二层建筑面积及相关量（阳台）的属性和做法　将外墙内建筑面积及相关量复制并修改成阳台建筑面积，如图3.2.32所示。

2. 画二层建筑面积和脚手架

（1）画外墙皮以内建筑面积　单击"绘图"按钮进入绘图界面→在面建筑面积的状态下，单击"点"按钮→单击外墙内任意一点，这样建筑面积就布置好了，如图3.2.33所示。

图 3.2.31

属性名称	属性值	附加
名称	建筑面积及相关量（阳台）	
底标高(m)	层底标高	☐
建筑面积计	计算一半	☐

	编码	类别	项目名称	项目特征	单位	工程量表达式	表达式说明	措施项目
1	⊟ B-001	补项	建筑面积（阳台）		m2	MJ	MJ〈面积〉	☐
2	子目1	补	建筑面积		m2	MJ	MJ〈面积〉	☐
3	⊟ 011701001	项	综合脚手架（阳台）		m2	ZHJSJMJ	ZHJSJMJ〈综合脚手架面积〉	☑
4	子目1	补	综合脚手架		m2	ZHJSJMJ	ZHJSJMJ〈综合脚手架面积〉	☑
5	⊟ 011703001	项	垂直运输（阳台）		m2	MJ	MJ〈面积〉	☑
6	子目1	补	垂直运输		m2	MJ	MJ〈面积〉	☑
7	⊟ B-002	补项	工程水电费（阳台）		m2	MJ	MJ〈面积〉	☐
8	子目1	补	工程水电费		m2	MJ	MJ〈面积〉	☐

图 3.2.32

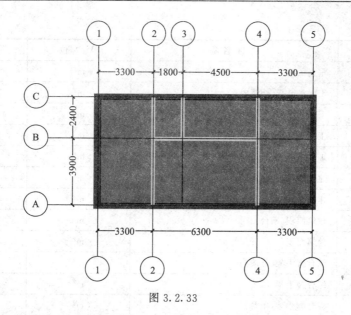

图 3.2.33

（2）画阳台建筑面积　选中"建筑面积及相关量（阳台）"构件→单击"矩形"按钮→在英文状态下按"K"让栏板显示出来→单击2/A交点→单击2/A交点对角线→单击右键结束。

阳台建筑面积就画好了（软件会自动将与外墙外边线以内建筑面积重叠部分扣除），但是这时候面积并不正确，要将此面积偏移到阳台栏板的外边线，如图3.2.34所示。

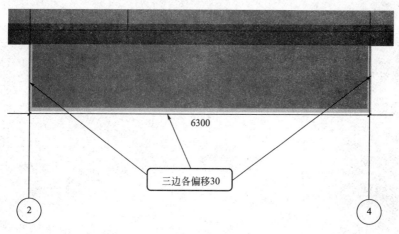

图 3.2.34

3. 查看二层建筑面积及相关量软件计算结果

汇总结束后，在画"建筑面积"的状态下，单击"选择"按钮→单击画好的建筑面积，单击"查看工程量"，二层建筑面积及相关量见表3.2.17。

表 3.2.17　二层建筑面积及相关量软件计算结果

编　码	项目名称	单　位	工　程　量
011703001	垂直运输（外墙内）	m²	91.12
子目1	垂直运输	m²	91.12
011703001	垂直运输（阳台）	m²	3.816

续表

编　码	项目名称	单　位	工　程　量
子目1	垂直运输	m²	3.816
B-002	工程水电费(外墙内)	m²	91.12
子目1	工程水电费	m²	91.12
B-002	工程水电费(阳台)	m²	3.816
子目1	工程水电费	m²	3.816
B-001	建筑面积(外墙内)	m²	91.12
子目1	建筑面积	m²	91.12
B-001	建筑面积(阳台)	m²	3.816
子目1	建筑面积	m²	3.816
011701001	综合脚手架(外墙内)	m²	91.12
子目1	综合脚手架	m²	91.12
011701001	综合脚手架(阳台)	m²	3.816
子目1	综合脚手架	m²	3.816

单击"退出"按钮，退出"查看构件图元工程量"对话框。

第四章 三层工程量计算

在画构件之前，列出三层要计算的构件，如图 4.1.1 所示。

下面分别计算这些构件的工程量。

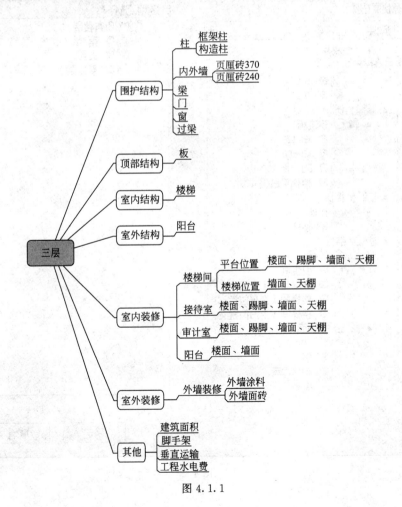

图 4.1.1

第二节 三层工程量计算

从建施 3 和建施 2 对比可以看出，三层和二层基本一样，从结施 6 和结施 4 相比较可以看出，三层顶梁部分变成了屋面梁，构件虽然有所变化，但是位置几乎不变，另外三层为顶层楼层，没有楼梯，可以把二层画好的主体构件（楼梯及相关构件除外）全部复制上来进行修改，内外装修只把定义好的构件复制上来，到三层重新画。

一、将二层画好的构件复制到三层

将楼层从"第 2 层"切换在到"第 3 层"→单击"楼层"下拉菜单→单击"从其他楼层复制构件图元"，弹出"从其他楼层复制图元"对话框→在"图元选择"框空白处单击右键→单击"全部展开"→取消下列构件前的"√"，分别是"TZ1"、"TL1"、"TL2"、"楼梯平台板−100"、"楼梯"、"所有装修"，如图 4.2.1 所示。

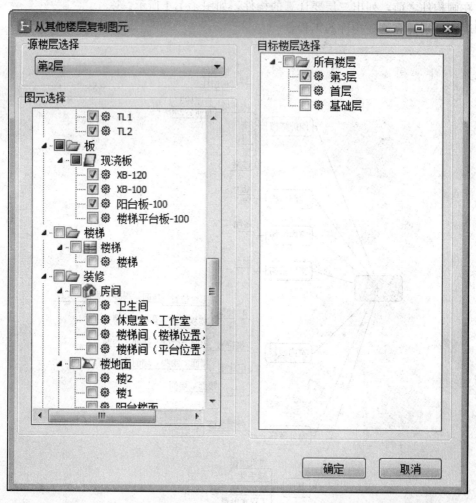

图 4.2.1

单击"确定",弹出"提示"对话框→单击"确定",这样二层构件就复制到三层了,复制好的构件如图4.2.2所示。

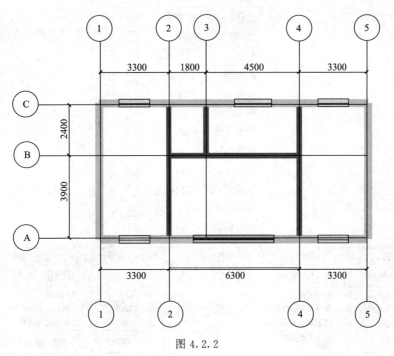

图 4.2.2

二、修改三层梁

从结施6和建施4比较可知,三层梁的位置没有发生变化,但名称发生了变化,由"KL"变为WKL,截面也相应发生了改变,可以直接把"KL"修改了"WKL",在修改之前需要定义"WKL"。

1. 定义屋面框架梁

(1)定义 WKL1 的属性和做法 定义梁的方法在首层已经讲过,定义好的 WKL1 的属性和做法如图4.2.3所示。

(2)定义 WKL2 的属性和做法 定义好的 WKL2 的属性和做法如图4.2.4所示。

(3)定义 WKL3 的属性和做法 定义好的 WKL3 的属性和做法如图4.2.5所示。

(4)定义 WKL4 的属性和做法 定义好的 WKL4 的属性和做法如图4.2.6所示。

(5)定义 WKL5 的属性和做法 定义好的 WKL5 的属性和做法如图4.2.7所示。

2. 修改屋面框架梁

把框架梁修改成屋面框架梁的属性,具体操作步骤如下:

将图形切换到"绘图"界面里,单击"批量选择"→弹出"批量选择构件图元"对话框→在"KL1"前面打上"√"→单击"确定"→点右键选择"修改构件图元名称"→单击"WKL1"(图4.2.8)→单击"确定",这样"KL1"就修改成"WKL1"了。

用同样的方法将"KL2"修改成"WKL2","KL3"修改成"WKL3","KL4"修改成"WKL4","KL5"修改成"WKL5",这样所有的梁就修改完毕,"L1"和二层非框架梁没有什么区别,不用修改。

属性名称	属性值	附加
名称	WKL1	
类别1	框架梁	☐
类别2	单梁	☐
材质	预拌混凝	☐
砼类型	(预拌砼)	☐
砼标号	(C30)	☐
截面宽度(	370	☐
截面高度(	650	☐
截面面积(m	0.185	☐
截面周长(m	1.74	☐
起点顶标高	层顶标高	☐
终点顶标高	层顶标高	☐
轴线距梁左	(185)	☐

	编码	类别	项目名称	项目特征	单位	工程量表达式	表达式说明	措施项目
1	☐ 010505001	项	有梁板(框架梁)	1. 混凝土种类: 预拌 2. 混凝土强度等级: C30	m3	TJ	TJ〈体积〉	☐
2	└ 子目1	补	框架梁体积		m3	TJ	TJ〈体积〉	☐
3	☐ 011702014	项	有梁板(框架梁)	1. 普通模板:	m2	MBMJ	MBMJ〈模板面积〉	☑
4	└ 子目1	补	框架梁模板面积		m2	MBMJ	MBMJ〈模板面积〉	☑
5	└ 子目2	补	框架梁超高模板面积		m2	CGMBMJ	CGMBMJ〈超高模板面积〉	☑

图 4.2.3

属性名称	属性值	附加
名称	WKL2	
类别1	框架梁	☐
类别2	单梁	☐
材质	预拌混凝	☐
砼类型	(预拌砼)	☐
砼标号	(C30)	☐
截面宽度(	370	☐
截面高度(	650	☐
截面面积(m	0.24	☐
截面周长(m	2.04	☐
起点顶标高	层顶标高	☐
终点顶标高	层顶标高	☐
轴线距梁左	(185)	☐

	编码	类别	项目名称	项目特征	单位	工程量表达式	表达式说明	措施项目
1	☐ 010505001	项	有梁板(框架梁)	1. 混凝土种类: 预拌 2. 混凝土强度等级: C30	m3	TJ	TJ〈体积〉	☐
2	└ 子目1	补	框架梁体积		m3	TJ	TJ〈体积〉	☐
3	☐ 011702014	项	有梁板(框架梁)	1. 普通模板:	m2	MBMJ	MBMJ〈模板面积〉	☑
4	└ 子目1	补	框架梁模板面积		m2	MBMJ	MBMJ〈模板面积〉	☑
5	└ 子目2	补	框架梁超高模板面积		m2	CGMBMJ	CGMBMJ〈超高模板面积〉	☑

图 4.2.4

属性名称	属性值	附加
名称	WKL3	
类别1	框架梁	☐
类别2	单梁	☐
材质	预拌混凝	☐
砼类型	(预拌砼)	☐
砼标号	(C30)	☐
截面宽度(	370	☐
截面高度(	500	☐
截面面积 (m	0.185	☐
截面周长 (m	1.74	☐
起点顶标高	层顶标高	☐
终点顶标高	层顶标高	☐
轴线距梁左	(185)	☐

	编码	类别	项目名称	项目特征	单位	工程量表达式	表达式说明	措施项目
1	⊟ 010505001	项	有梁板(框架梁)	1. 混凝土种类: 预拌 2. 混凝土强度等级: C30	m3	TJ	TJ〈体积〉	☐
2	└ 子目1	补	框架梁体积		m3	TJ	TJ〈体积〉	☐
3	⊟ 011702014	项	有梁板(框架梁)	1. 普通模板:	m2	MBMJ	MBMJ〈模板面积〉	☑
4	└ 子目1	补	框架梁模板面积		m2	MBMJ	MBMJ〈模板面积〉	☑
5	└ 子目2	补	框架梁超高模板面积		m2	CGMBMJ	CGMBMJ〈超高模板面积〉	☑

图 4.2.5

属性名称	属性值	附加
名称	WKL4	
类别1	框架梁	☐
类别2	单梁	☐
材质	预拌混凝	☐
砼类型	(预拌砼)	☐
砼标号	(C30)	☐
截面宽度(	240	☐
截面高度(	500	☐
截面面积 (m	0.12	☐
截面周长 (m	1.48	☐
起点顶标高	层顶标高	☐
终点顶标高	层顶标高	☐
轴线距梁左	(120)	☐

	编码	类别	项目名称	项目特征	单位	工程量表达式	表达式说明	措施项目
1	⊟ 010505001	项	有梁板(框架梁)	1. 混凝土种类: 预拌 2. 混凝土强度等级: C30	m3	TJ	TJ〈体积〉	☐
2	└ 子目1	补	框架梁体积		m3	TJ	TJ〈体积〉	☐
3	⊟ 011702014	项	有梁板(框架梁)	1. 普通模板:	m2	MBMJ	MBMJ〈模板面积〉	☑
4	└ 子目1	补	框架梁模板面积		m2	MBMJ	MBMJ〈模板面积〉	☑
5	└ 子目2	补	框架梁超高模板面积		m2	CGMBMJ	CGMBMJ〈超高模板面积〉	☑

图 4.2.6

属性名称	属性值	附加
名称	WKL5	☐
类别1	框架梁	☐
类别2	单梁	☐
材质	预拌混凝	☐
砼类型	(预拌砼)	☐
砼标号	(C30)	☐
截面宽度(	240	☐
截面高度(	500	☐
截面面积 (m	0.12	☐
截面周长 (m	1.48	☐
起点顶标高	层顶标高	☐
终点顶标高	层顶标高	☐
轴线距梁左	(120)	☐

	编码	类别	项目名称	项目特征	单位	工程里表达式	表达式说明	措施项目
1	⊟ 010505001	项	有梁板(框架梁)	1. 混凝土种类：预拌 2. 混凝土强度等级：C30	m3	TJ	TJ〈体积〉	☐
2	└ 子目1	补	框架梁体积		m3	TJ	TJ〈体积〉	☐
3	⊟ 011702014	项	有梁板(框架梁)	1. 普通模板：	m2	MBMJ	MBMJ〈模板面积〉	☑
4	└ 子目1	补	框架梁模板面积		m2	MBMJ	MBMJ〈模板面积〉	☑
5	└ 子目2	补	框架梁超高模板面积		m2	CGMBMJ	CGMBMJ〈超高模板面积〉	☑

图 4.2.7

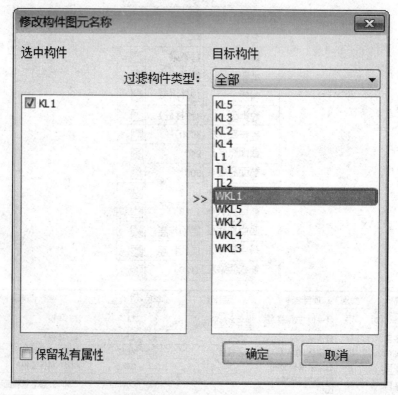

图 4.2.8

3. 查看屋面框架梁的软件计算结果

汇总结束后，查看屋面框架梁软件计算结果见表 4.2.1。

表 4.2.1　屋面框架梁软件计算结果

编　码	项 目 名 称	单　位	工 程 量
010505001	有梁板（非框架梁）	m^3	0.2074
子目 1	非框架梁体积	m^3	0.2074
011702014	有梁板（非框架梁）	m^2	2.0304
子目 2	非框架梁超高模板面积	m^2	0
子目 1	非框架梁模板面积	m^2	2.0304
010505001	有梁板（框架梁）	m^3	9.0858
子目 1	框架梁体积	m^3	9.0858
011702014	有梁板（框架梁）	m^2	64.459
子目 2	框架梁超高模板面积	m^2	0
子目 1	框架梁模板面积	m^2	64.459

三、修改三层板

从结施 7 和建施 5 比较可知，三层板也发生了变化，三层板为屋面板，外围增加了雨篷及挑檐，其中屋面板均为 130mm，外挑檐板从结施 9 阳台挑檐详图可以看出板厚均为 100 厚。

1. 定义屋面板

（1）定义 XB-130 的属性和做法　定义板的方法在首层已经讲过，定义好的 XB-130 的属性和做法如图 4.2.9 所示。

属性名称	属性值	附加
名称	XB-130	
材质	预拌混凝	☐
类别	有梁板	☐
砼类型	（预拌砼）	☐
砼标号	（C25）	☐
厚度(mm)	130	☐
顶标高(m)	层顶标高	☐

	编码	类别	项目名称	项目特征	单位	工程量表达式	表达式说明	措施项目
1	⊟ 010505001	项	有梁板（板）	1. 混凝土种类：预拌 2. 混凝土强度等级：C30	m3	TJ	TJ〈体积〉	☐
2	└─ 子目1	补	板体积		m3	TJ	TJ〈体积〉	☐
3	⊟ 011702014	项	有梁板（板）	1. 普通模板：	m2	MBMJ	MBMJ〈底面模板面积〉	☑
4	└─ 子目1	补	板模板面积		m2	MBMJ	MBMJ〈底面模板面积〉	☑
5	└─ 子目2	补	板超高模板面积		m2	CGMBMJ	CGMBMJ〈超高模板面积〉	☑

图 4.2.9

属性名称	属性值	附加
名称	雨篷板-10	
材质	预拌混凝	☐
类别	有梁板	☐
砼类型	(预拌砼)	☐
砼标号	(C25)	☐
厚度(mm)	100	☐
顶标高(m)	层顶标高	☐
坡度(°)		☐
是否是楼板	是	☐
是否是空心	否	☐
模板类型	复合模扳	☐

	编码	类别	项目名称	项目特征	单位	工程里表达式	表达式说明	措施项目
1	☐ 010505001	项	有梁板(雨篷板)	1. 混凝土种类: 预拌 2. 混凝土强度等级: C30	m3	TJ	TJ<体积>	☐
2	└─ 子目1	补	雨篷板体积		m3	TJ	TJ<体积>	☐
3	☐ 011702014	项	有梁板(雨篷板)	1. 普通模板:	m2	MBMJ+CMBMJ	MBMJ<底面模板面积>+CMBMJ<侧面模板面积>	☑
4	└─ 子目1	补	雨篷板模板面积		m2	MBMJ+CMBMJ	MBMJ<底面模板面积>+CMBMJ<侧面模板面积>	☑

图 4.2.10

（2）定义雨篷板-100 的属性和做法　定义好的雨篷板-100 的属性和做法如图 4.2.10 所示。

（3）定义挑檐板-100 的属性和做法　定义好的挑檐板-100 的属性和做法如图 4.2.11 所示。

2. 修改屋面板

把屋面板厚度修改成 XB-130 的属性，具体操作步骤如下：

将图形切换到"绘图"界面里，单击"批量选择"→弹出"批量选择构件图元"对话框→在"XB-120"、"XB-100"前面打上"√"→单击"确定"→点右键选择"修改构件图元名称"→单击"XB-130"（图 4.2.12）→单击"确定"，这样屋面板就修改完毕。

用同样的方法，把"阳台板-100"修改成"雨篷板-100"。

3. 画楼梯位置屋面板

三层现浇板为屋面板，楼梯位置的板从结施 7 可以看出为"LB2"，而"LB2"的厚度为 130 厚，用"XB-130"来点画。具体操作步骤如下：

单击屏幕上方"点"→在 3～4/B～C 区域内任意位置点一下，楼梯位置屋面板就布置上了，如图 4.2.13 所示。

属性名称	属性值	附加
名称	挑檐板-100	
材质	预拌混凝土	☐
类别	有梁板	☐
砼类型	(预拌砼)	☐
砼标号	(C25)	☐
厚度(mm)	100	☐
顶标高(m)	层顶标高	☐
坡度(°)		☐
是否是楼板	是	☐
是否是空心	否	☐
模板类型	复合模板	☐

	编码	类别	项目名称	项目特征	单位	工程量表达式	表达式说明	措施项目
1	⊟ 010505001	项	有梁板(挑檐板)	1. 混凝土种类：预拌 2. 混凝土强度等级：C30	m3	TJ	TJ〈体积〉	☐
2	└─ 子目1	补	挑檐板体积		m3	TJ	TJ〈体积〉	☐
3	⊟ 011702014	项	有梁板(挑檐板)	1. 普通模板：	m2	MBMJ+CMBMJ	MBMJ〈底面模板面积〉+CMBMJ〈侧面模板面积〉	☑
4	└─ 子目1	补	挑檐板模板面积		m2	MBMJ+CMBMJ	MBMJ〈底面模板面积〉+CMBMJ〈侧面模板面积〉	☑

图 4.2.11

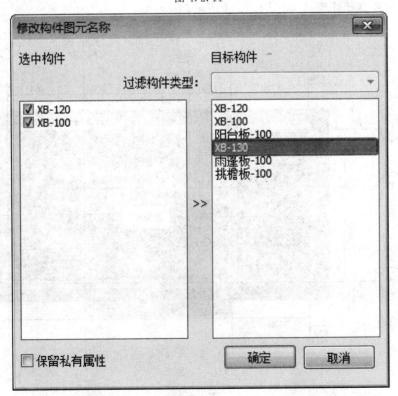

图 4.2.12

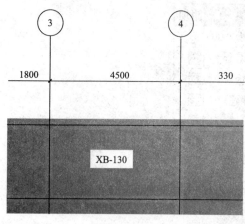

图 4.2.13

4. 画屋面挑檐板

除过雨篷板,其他部位外挑均为挑檐板,而从结施 9 挑檐详图可以看出,挑檐板外皮距离墙体外皮为 600,先做辅助轴线。

(1)做挑檐外皮辅助轴线 轴线到外墙皮为 250,挑檐板外皮距离墙体外皮为 600,所以从轴线向外做 850 辅助轴线。

单击屏幕上方"平行"→单击 1 轴线→弹出对话框"请输入"→偏移距离输入"-850"→单击 5 轴线→弹出对话框"请输入"→偏移距离输入"850"→单击 A 轴线→弹出对话框"请输入"→偏移距离输入"-850"→单击 D

轴线→弹出对话框"请输入"→偏移距离输入"850"→单击右键结束。

偏移虽然完毕,可辅助轴线并不相交,可以延伸辅助轴线,操作步骤如下:

在画"辅助轴线"的界面里,单击"延伸"→单击 1 轴左辅轴→单击 C 轴上辅轴→单击右键→再单击 C 轴上辅轴→单击 1 轴左辅轴,这样 1 轴和 C 轴就相交到一块了,其他三个角用相同的方法进行延伸,这里不再赘述。

(2)画挑檐板 可以用矩形画法直接画挑檐板。

在画"板"的界面里,点击"挑檐-100"→单击屏幕上方"矩形"→单击 1 轴左/C 轴上辅轴交点→单击 4 轴右/A 轴下辅轴交点,这样挑檐板就绘制完毕(与外墙内现浇板及雨篷板扣减,软件自动处理),如图 4.2.14 所示。

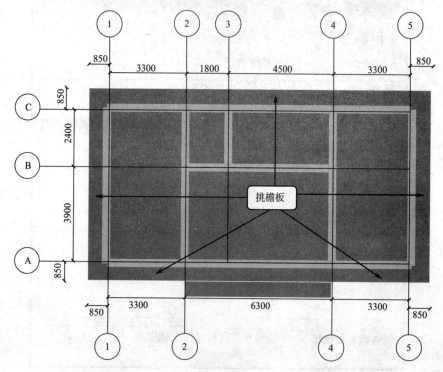

图 4.2.14

挑檐板画好后，删除相应的辅助轴线使界面更清晰。

5. 查看屋面板的软件计算结果

汇总结束后，查看屋面板（含雨篷及挑檐）软件计算结果见表4.2.2。

表4.2.2　屋面板软件计算结果

编　　码	项 目 名 称	单　位	工 程 量
010505001	有梁板（板）	m^3	9.3389
子目1	板体积	m^3	9.3389
011702014	有梁板（板）	m^2	71.5976
子目2	板超高模板面积	m^2	0
子目1	板模板面积	m^2	71.5976
010505001	有梁板（挑檐板）	m^3	2.1864
子目1	挑檐板体积	m^3	2.1864
011702014	有梁板（挑檐板）	m^2	25.748
子目1	挑檐板模板面积	m^2	25.748
010505001	有梁板（阳台板）	m^3	0.7632
子目1	阳台板体积	m^3	0.7632
011702014	有梁板（阳台板）	m^2	8.388
子目1	阳台板模板面积	m^2	8.388

四、三层主体构件软件计算结果

到这里已经画完三层所有的主体构件，我们可以汇总三层所有主体工程量。

汇总结束后，点击"报表预览"，在"绘图输入"里面的设置构件范围的"第3层"前面都打上钩，将"表格输入"里的设置构件范围的"首层"前面都打上钩去掉，点击"确定"，软件默认的是"清单汇总表"。为了和手工对比方便，选用"清单定额汇总表"，首层的清单和定额工程量就呈现出来了，也和手工进行对比，见表4.2.3。

表4.2.3　二层主体软件和手工工程量对比

序号	编　　码	项 目 名 称	单位	软件工程量	手工工程量
1	010401003001	实心砖墙（外墙） 1. 砖品种、规格、强度等级：页岩砖 2. 砂浆强度等级、配合比：M5	m^3	27.9923	
	子目1	页岩砖370体积	m^3	27.9923	
2	010401003002	实心砖墙（内墙） 1. 砖品种、规格、强度等级：页岩砖 2. 砂浆强度等级、配合比：M5	m^3	11.8061	
	子目1	页岩砖240体积	m^3	11.8061	
3	010502001001	矩形柱 1. 混凝土种类：预拌 2. 混凝土强度等级：C30	m^3	7.632	

续表

序号	编　码	项　目　名　称	单位	软件工程量	手工工程量
3	子目1	框架柱体积	m³	7.632	
4	010502001003	矩形柱(梯柱) 1. 混凝土种类:预拌 2. 混凝土强度等级:C30	m³	0.216	
	子目1	梯柱体积	m³	0.216	
5	010502002001	构造柱 1. 混凝土种类:预拌 2. 混凝土强度等级:C20	m³	1.5521	
	子目1	构造柱体积	m³	1.5521	
6	010503005001	过梁 1. 混凝土种类:预拌 2. 混凝土强度等级:C20	m³	1.5224	
	子目1	过梁体积	m³	1.5224	
7	010505001001	有梁板(框架梁) 1. 混凝土种类:预拌 2. 混凝土强度等级:C30	m³	9.0858	
	子目1	框架梁体积	m³	9.0858	
8	010505001002	有梁板(非框架梁) 1. 混凝土种类:预拌 2. 混凝土强度等级:C30	m³	0.2074	
	子目1	非框架梁体积	m³	0.2074	
9	010505001003	有梁板(板) 1. 混凝土种类:预拌 2. 混凝土强度等级:C30	m³	9.3389	
	子目1	板体积	m³	9.3389	
10	010505001004	有梁板(阳台板) 1. 混凝土种类:预拌 2. 混凝土强度等级:C30	m³	0.7632	
	子目1	阳台板体积	m³	0.7632	
11	010505001007	有梁板(挑檐板) 1. 混凝土种类:预拌 2. 混凝土强度等级:C30	m³	2.1864	
	子目1	挑檐板体积	m³	2.1864	
12	010505006001	栏板 1. 混凝土种类:预拌 2. 混凝土强度等级:C30	m³	0.4666	
	子目1	阳台栏板体积	m³	0.4666	
13	010801001001	木质门 1. 门代号:M-2 2. 洞口尺寸:900×2400 3. 装饰门	樘	7.47	
	子目1	装饰门	m²	7.47	
	子目2	水泥砂浆后塞口	m²	7.47	

续表

序号	编　码	项 目 名 称	单位	软件工程量	手工工程量
14	010802001002	金属(塑钢)门 1. 门代号:M-1 2. 洞口尺寸:3900×2700(见图纸详图) 3. 塑钢门联窗	m²	7.83	
	子目 1	塑钢门联窗 MC-1	m²	7.83	
15	010807001001	金属(塑钢、断桥)窗 1. 洞口尺寸:1500×1800 2. 窗代号:C-1 3. 材质:塑钢推拉窗	樘	10.8	
	子目 1	塑钢推拉窗	m²	10.8	
	子目 2	水泥砂浆后塞口	m²	10.8	
16	010807001002	金属(塑钢、断桥)窗 1. 洞口尺寸:1800×1800 2. 窗代号:C-2 3. 材质:塑钢推拉窗	樘	3.24	
	子目 1	塑钢推拉窗	m²	3.24	
	子目 2	水泥砂浆后塞口	m²	3.24	
17	B-001	散水伸缩缝长度 沥青砂浆	m	6.9936	
	子目 1	拐角处	m	3.3936	
	子目 2	超过 6m 隔断处	m	2.4	
	子目 3	与台阶相邻处	m	1.2	
18	B-001	建筑面积(阳台)	m²	3.816	
	子目 1	建筑面积	m²	3.816	
19	B-001	建筑面积(外墙内)	m²	91.12	
	子目 1	建筑面积	m²	91.12	
20	B-002	工程水电费(外墙内)	m²	91.12	
	子目 1	工程水电费	m²	91.12	
21	B-002	工程水电费(阳台)	m²	3.816	
	子目 1	工程水电费	m²	3.816	

单击"措施项目",选用"清单定额汇总表",二层的清单和定额工程量就呈现出来了,也和手工进行对比,见表 4.2.4。

表 4.2.4　二层措施实体软件和手工工程量对比

序号	编　码	项 目 名 称	单位	软件工程量	手工工程量
1	011701001001	综合脚手架(外墙内)	m²	91.12	
	子目 1	综合脚手架	m²	91.12	
2	011701001002	综合脚手架(阳台)	m²	3.816	
	子目 1	综合脚手架	m²	3.816	
3	011702002001	矩形柱 普通模板	m²	66.24	

序号	编码	项目名称	单位	软件工程量	手工工程量
3	子目1	框架柱模板面积	m²	66.24	
	子目2	框架柱超高模板面积	m²	0	
4	011702002002	矩形柱（梯柱） 1.普通模板	m²	3.9	
	子目1	梯柱模板面积	m²	3.6	
5	011702003001	构造柱 1.普通模板	m²	9.526	
	子目1	构造柱模板面积	m²	9.526	
6	011702009001	过梁 1.普通模板	m²	13.669	
	子目1	过梁模反面积	m²	13.669	
7	011702014001	有梁板（框架梁） 1.普通模板	m²	59.518	
	子目1	框架梁模板面积	m²	59.518	
	子目2	框架梁超高模板面积	m²	0	
8	011702014002	有梁板（非框架梁） 1.普通模板	m²	1.6848	
	子目1	非框架梁模板面积	m²	1.6848	
	子目2	非框架梁超高模板面积	m²	0	
9	011702014003	有梁板（板） 1.普通模板	m²	71.5976	
	子目1	模板面积	m²	71.5976	
	子目2	超高模板面积	m²	0	
10	011702014004	有梁板（阳台板） 1.普通模板	m²	8.388	
	子目1	阳台板模板面积	m²	8.388	
11	011702014007	有梁板（挑檐板） 1.普通模板	m²	25.748	
	子目1	挑檐板模板面积	m²	25.748	
12	011702021001	栏板 1.普通模板	m²	15.552	
	子目1	阳台栏板模板面积	m²	15.552	
13	011703001001	垂直运输（外墙内）	m²	91.12	
	子目1	垂直运输	m²	91.12	
14	011703001002	垂直运输（阳台）	m²	3.816	
	子目1	垂直运输	m²	3.816	

五、室内装修

从建施2可以看出三层有四类房间，分别为休息室/审计室、楼梯间和阳台，每个房间的具体装修做法在建筑总说明里有详细的说明。与二层房间相比较，和二层基本相同，可以把二层的定义全部复制上来。

1. 复制二层定义好的房间到三层

在画"房间"的状态下，单击"构件"下拉菜单→单击"从其他楼层复制构件图元"，弹出"从其他楼层复制构件图元"对话框→"源楼层"就默认在"第2层"上→在"复制构件"框下勾选所有的"房间"，如图4.2.15所示→单击"确定"，弹出"提示"对话框→单击"确定"，这样二层房间就复制到三层了。

图 4.2.15

2. 修改房间组合

与二层相比较，三层个别房间装修有变化，三层"休息室/审计室"和二层"休息室/工作室"做法完全相同，只需要把房间"休息室/工作室"名称修改为"休息室/审计室"，楼梯间三层多了个顶棚，只需要把做法稍做修改。

（1）楼梯间（平台位置）　三层楼梯间（平台位置）和二层楼梯间（平台位置）完全相同，组合好的楼梯间如图4.2.16所示。

（2）楼梯间（楼梯位置）　三层楼梯间（楼梯位置）相比二层多了个"棚B"，这里只计算墙面，组合好的"楼梯间（楼梯位置）"如图4.2.17所示。

（3）组合"休息室、审计室"房间　三层"休息室、审计室"房间和二层"休息室、工作室"房间做法完全相同，只需要改个名称就可以了，组合好的"休息室、工作室"如图4.2.18所示。

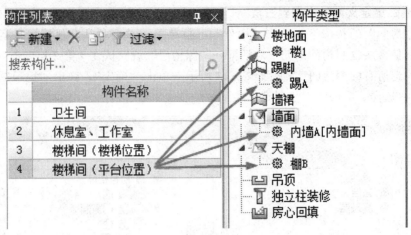

图 4.2.16

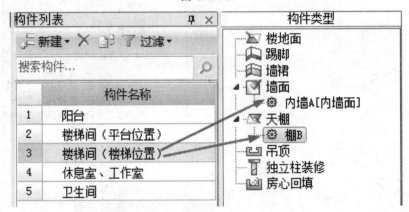

图 4.2.17

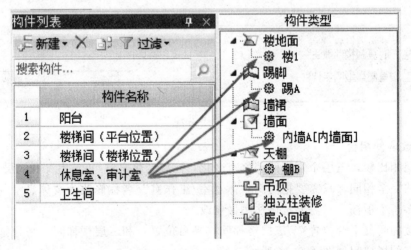

图 4.2.18

（4）组合"卫生间"房间　三层"卫生间"房间和二层"卫生间"房间做法完全相同，组合好的"卫生间"如图 4.2.19 所示。

（5）组合"阳台"房间　三层"阳台"房间和二层"阳台"房间做法完全相同，组合好的"卫生间"如图 4.2.20 所示。

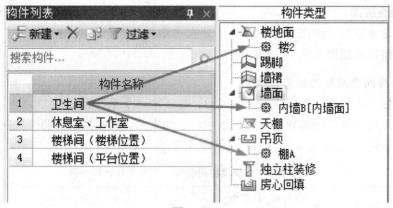

图 4.2.19

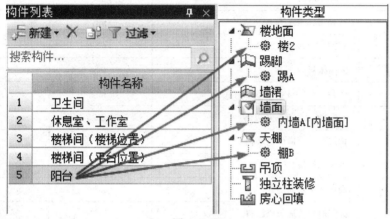

图 4.2.20

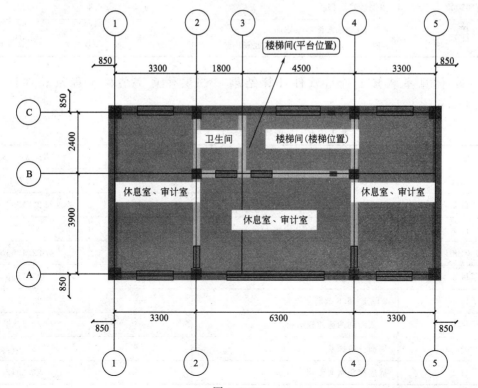

图 4.2.21

3. 画三层房间

根据建施3三层平面图来画三层房间，在画房间的状态下，用"点"式画法画三层房间，画好二层房间如图4.2.21所示。

4. 查看房间装修软件计算结果

三层有好几个房间，按照建施3的房间名称一个一个来查看。

（1）楼梯间装修工程量软件计算结果　汇总结束后，选中楼梯间两个房间→单击"查看工程量"，三层楼梯间装修工程量软件计算结果见表4.2.5。

表 4.2.5　三层楼梯间装修工程量软件计算结果

编　　码	项 目 名 称	单　位	工 程 量
011102003	块料楼地面	m²	1.65
子目2	35厚C15细石混凝土找平层	m²	1.5768
子目1	5厚铺800×800×10瓷砖	m²	1.65
011301001	天棚抹灰	m²	9.2016
子目3	10厚1∶1∶4混合砂浆打底	m²	9.2016
子目2	2厚1∶2.5纸筋灰罩面	m²	9.2016
子目1	抹灰面刮两遍仿瓷涂料	m²	9.2016
011201001	墙面一般抹灰	m²	41.3528
子目2	底层抹灰水泥砂浆	m²	39.7398
子目1	抹灰面刮两遍仿瓷涂料	m²	41.3528
011105001	水泥砂浆踢脚线	m²	0.301
子目1	8厚1∶2.5水泥砂浆罩面 8厚1∶3水泥砂浆打底扫毛或划出纹	m	3.01

（2）休息室装修工程量软件计算结果　二层休息室装修工程量软件计算结果见表4.2.6。

表 4.2.6　二层休息室装修工程量软件计算结果

编　　码	项 目 名 称	单　位	工 程 量
011102003	块料楼地面	m²	23.751
子目2	35厚C15细石混凝土找平层	m²	22.1796
子目1	5厚铺800×800×10瓷砖	m²	23.751
011301001	天棚抹灰	m²	22.1796
子目3	10厚1∶1∶4混合砂浆打底	m²	22.1796
子目2	2厚1∶2.5纸筋灰罩面	m²	22.1796
子目1	抹灰面刮两遍仿瓷涂料	m²	22.1796
011201001	墙面一般抹灰	m²	55.1627
子目2	底层抹灰水泥砂浆	m²	52.3512

编 码	项目名称	单 位	工 程 量
子目1	抹灰面刮两遍仿瓷涂料	m²	55.1627
011105001	水泥砂浆踢脚线	m²	1.524
子目1	8厚1:2.5水泥砂浆罩面 8厚1:3水泥砂浆打底扫毛或划出纹	m	15.24

（3）定额计价审计室装修工程量软件计算结果　三层定额审计室（1～2/A～C轴）装修工程量软件计算结果见表4.2.7。

表 4.2.7　三层定额审计室装修工程量软件计算结果

编 码	项目名称	单 位	工 程 量
011102003	块料楼地面	m²	18.565
子目2	35厚C15细石混凝土找平层	m²	18.5436
子目1	5厚铺800×800×10瓷砖	m²	18.565
011301001	天棚抹灰	m²	18.5436
子目3	10厚1:1:4混合砂浆打底	m²	18.5436
子目2	2厚1:2.5纸筋灰罩面	m²	18.5436
子目1	抹灰面刮两遍仿瓷涂料	m²	18.5436
011201001	墙面一般抹灰	m²	57.824
子目2	底层抹灰水泥砂浆	m²	56.472
子目1	抹灰面刮两遍仿瓷涂料	m²	57.824
011105001	水泥砂浆踢脚线	m²	1.734
子目1	8厚1:2.5水泥砂浆罩面 8厚1:3水泥砂浆打底扫毛或划出纹	m	17.34

（4）清单计价审计室（清单计价工作室）装修工程量软件计算结果　三层清单计价审计室装修工程量软件计算结果见表4.2.8。

表 4.2.8　三层清单计价审计室装修工程量软件计算结果

编 码	项目名称	单 位	工 程 量
011102003	块料楼地面	m²	18.565
子目4	150厚3:7灰土垫层	m	2.7815
子目2	20厚1:3水泥砂浆找平	m²	18.5436
子目3	50厚C15混凝土垫层	m³	0.9272
子目1	5厚铺800×800×10瓷砖	m²	18.565
011301001	天棚抹灰	m²	18.5436
子目3	10厚1:1:4混合砂浆打底	m²	18.5436
子目2	2厚1:2.5纸筋灰罩面	m²	18.5436
子目1	抹灰面刮两遍仿瓷涂料	m²	18.5436
011201001	墙面一般抹灰	m²	57.824

续表

编　码	项目名称	单　位	工　程　量
子目 2	底层抹灰水泥砂浆	m²	56.472
子目 1	抹灰面刮两遍仿瓷涂料	m²	57.824
011105001	水泥砂浆踢脚线	m²	1.734
子目 1	8 厚 1∶2.5 水泥砂浆罩面 8 厚 1∶3 水泥砂浆打底扫毛或划出纹	m	17.34

（5）卫生间装修工程量软件计算结果　三层卫生间装修工程量软件计算结果见表 4.2.9。

表 4.2.9　三层卫生间装修工程量软件计算结果

编　码	项目名称	单　位	工　程　量
011102003	块料楼地面	m²	3.4428
子目 2	1.5 厚聚合物水泥基防水涂料	m²	3.3696
子目 3	35 厚 C15 细石混凝土找平层	m²	3.3696
子目 1	5 厚铺 300×300×10 瓷砖	m²	3.4428
011302001	吊顶天棚	m²	3.3696
子目 1	1.0 厚铝合金条板	m²	3.3696
子目 2	U 型轻钢龙骨	m²	3.3696
011201001	墙面一般抹灰	m²	21.339
子目 2	1.5 厚聚合物水泥基防水涂料	m²	22.233
子目 3	9 厚 1∶3 水泥砂浆打底扫毛或划出纹道	m²	22.233
子目 1	粘贴 5～6 厚面砖	m²	21.339

六、室外装修

三层室外装修做法见建筑总说明的外墙 1、外墙 2，具体装修的位置从建施 5、建施 6、建施 7 的立面图可以反映出来，从几个立面图可以看出，三层阳台栏板外墙面为贴陶质釉面砖外墙，其余外墙面为涂料外墙，与二层相对应的位置装修做法相符。

1. 复制首层外墙 1、外墙 2 的属性和做法

在"定义"界面里，单击"装修"下拉菜单"墙面"→单击"从其他楼层复制构件"→弹出"从其他楼层复制构件"对话框（图 4.2.22）→单击"源楼层"里"首层"→单击"复制构件"里"外墙 1"、"外墙 2"，这样外墙装修定义就复制上来了。

2. 画二层外墙装修

（1）画二层外墙面

a. 点画外墙面 2　画二层外墙面，操作步骤如下：

单击"绘图"按钮进入绘图界面→在画"墙面"的状态下→选中"外墙 2"名称→单击"点"按钮→分别点每段外墙的外墙皮，如图 4.2.23 所示（西南等轴侧）。

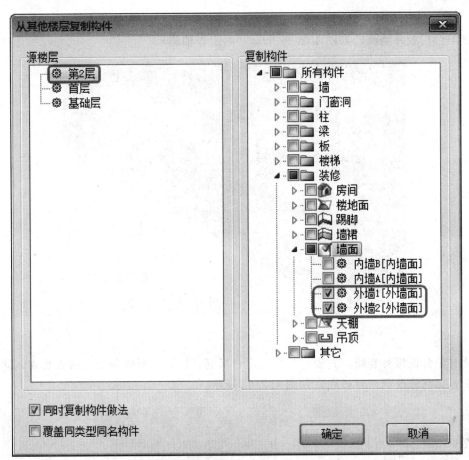

图 4.2.22

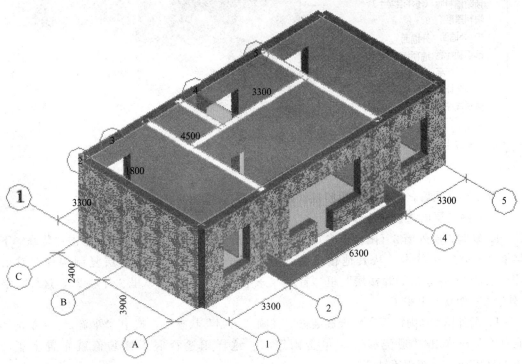

图 4.2.23

b. 画二层外墙面1 在画"墙面"的状态下→选中"外墙1"名称→单击"点"按钮→分别点阳台栏板外墙面,如图4.2.24所示(西南等轴侧)。

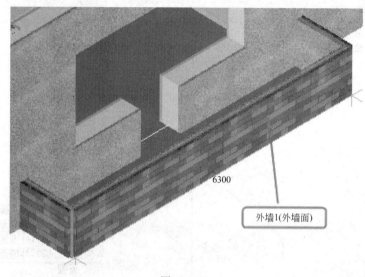

图 4.2.24

此时阳台栏板外装修,并没有装修到阳台板底,因阳台板底侧面也需要装修,同样要将外墙1底标高修改到阳台板底,如图4.2.25所示。

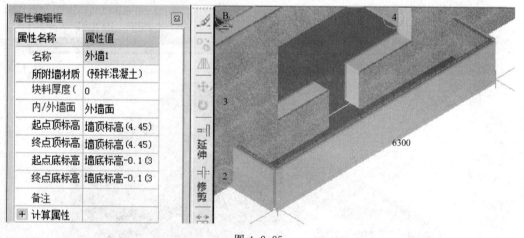

图 4.2.25

看完三维图后,将图恢复到俯视状态。

(2)画三层雨篷板底装修

a. 复制二层外墙2(阳台板底)的属性和做法 在"定义"界面里,单击"装修"下拉菜单"天棚"→单击"从其他楼层复制构件"→弹出"从其他楼层复制构件"对话框(图4.2.26)→单击"源楼层"里"首层"→单击"复制构件"里"外墙2",这样二层的"外墙2"就复制上来了。

b. 画外墙2(雨篷板底)天棚装修 在画"天棚"状态下,选中"外墙2"→单击"智能布置"→单击"现浇板"→单击雨篷板,这样雨篷板底天棚装修就布置上了,如图4.2.27所示(东南等轴侧)。

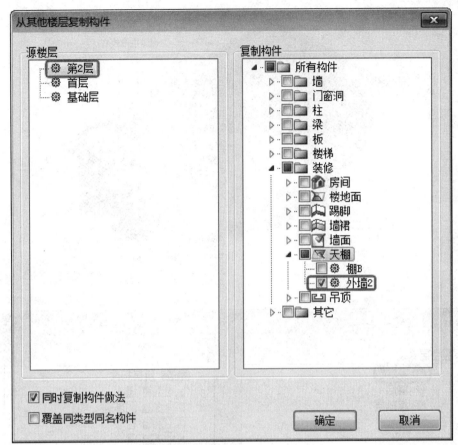

图 4.2.26

我们将图恢复到俯视状态。

（3）画三层挑檐板底装修　在画"天棚"状态下，选中"外墙 2"→单击"智能布置"→单击"现浇板"→单击"批量选择"→弹出对话框"批量选择构件图元"→选择挑檐板，这样挑檐板底天棚装修就布置上了，如图 4.2.28 所示（东南等轴侧）。

我们将图恢复到俯视状态。

3. 画三层阳台楼面装修

阳台楼面装修从建施 7 剖面图里可以看出阳台楼面装修同二层相应位置装修。

（1）复制二层外墙 2（阳台板底）的属性和做法　在"定义"界面里，单击"装修"下拉菜单"地面"→单击"从其他楼层复制构件"→弹出"从其它楼层复制构件"对话框（图 4.2.29）→单击"源楼层"里"二层"→单击"复制构件"里"阳台楼面"，这样二层的"阳台楼面"就复制上来了。

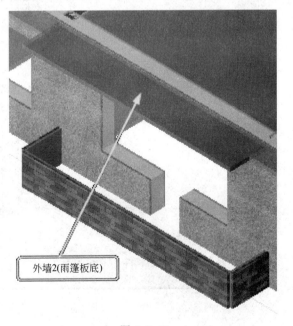

外墙2(雨篷板底)

图 4.2.27

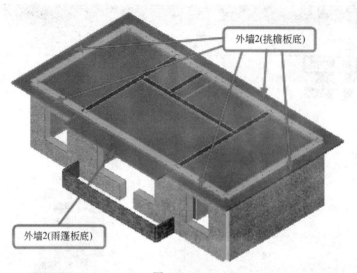

图 4.2.28

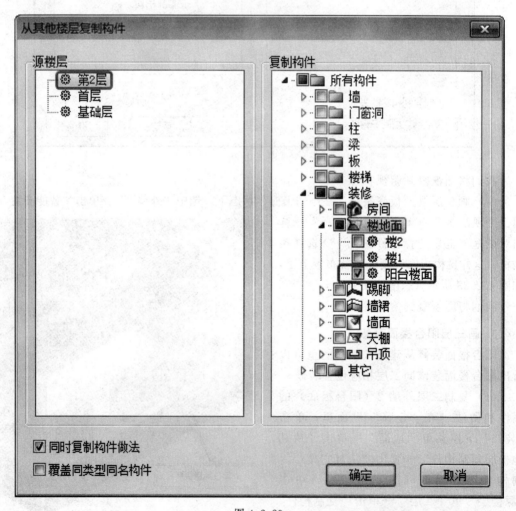

图 4.2.29

（2）画阳台地面装修　在画"楼地面"状态下，选中"阳台楼面"→单击"点"→单击"阳台部位"任意一点，这样阳台楼面装修就布置上了，如图 4.2.30 所示。

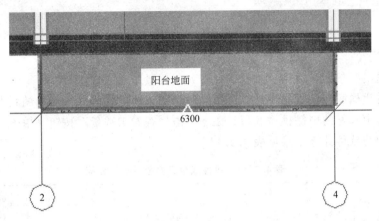

图 4.2.30

（3）画三层阳台内墙面装修　阳台内墙面装修从建施 7 剖面图里可以看出是外墙 2，直接点画就可以了，如图 4.2.31 所示。

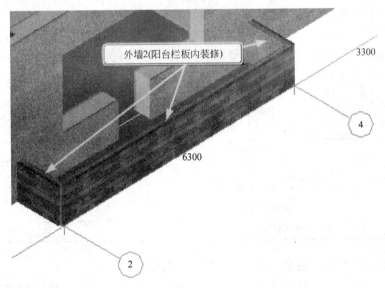

图 4.2.31

我们将图恢复到俯视状态。

4. 查看外墙装修软件计算结果

首层外装修一共有 5 个工程量，为了与手工对量方便，也便于自查，分别来对量。

（1）查看雨篷底板天棚软件计算结果　汇总结束后，在画"天棚"的状态下，单击"选择"按钮→选中画好的雨篷底板天棚→单击"查看工程量"按钮→单击"做法工程量"，雨篷底板天棚的软件计算结果见表 4.2.10。

表 4.2.10 雨篷底板天棚软件计算结果

编 码	项 目 名 称	单 位	工 程 量
011301001	天棚抹灰	m²	7.632
子目 3	12 厚 1∶3 水泥砂浆打底	m²	7.632
子目 2	6 厚 1∶2.5 水泥砂浆找平	m²	7.632
子目 1	喷 HJ80-1 型无机建筑涂料	m²	7.632

单击"退出"按钮，退出"查看构件图元工程量"对话框。

（2）查看挑檐底板天棚软件计算结果 汇总结束后，在画"天棚"的状态下，单击"选择"按钮→选中画好的雨篷挑檐底板天棚→单击"查看工程量"按钮→单击"做法工程量"，挑檐底板天棚的软件计算结果见表 4.2.11。

表 4.2.11 挑檐底板天棚软件计算结果

编 码	项 目 名 称	单 位	工 程 量
011301001	天棚抹灰	m²	21.864
子目 3	12 厚 1∶3 水泥砂浆打底	m²	21.864
子目 2	6 厚 1∶2.5 水泥砂浆找平	m²	21.864
子目 1	喷 HJ80-1 型无机建筑涂料	m²	21.864

单击"退出"按钮，退出"查看构件图元工程量"对话框。

（3）查看外墙 1（外墙面）软件计算结果 在画"墙面"的状态下，单击"选择"按钮→单击"批量选择"按钮，弹出"批量选择构件图元"对话框→勾选"外墙 1"→单击"确定"→单击"查看工程量"按钮→单击"做法工程量"，外墙 1（外墙面）软件计算结果见表 4.2.12。

表 4.2.12 外墙 1（外墙面）软件计算结果

编 码	项 目 名 称	单 位	工 程 量
011204003	块料墙面	m²	8.76
子目 3	12 厚 1∶3 水泥砂浆打底	m²	8.76
子目 2	6 厚 1∶2 水泥砂浆罩面	m²	8.76
子目 1	外墙釉面砖粘贴墙面	m²	8.76

单击"退出"按钮，退出"查看构件图元工程量"对话框。

（4）查看外墙 2 软件计算结果 在画"墙面"的状态下，单击"选择"按钮→单击"批量选择"按钮，弹出"批量选择构件图元"对话框→勾选"外墙 2"→单击"确定"→单击"查看工程量"按钮→单击"做法工程量"，外墙 2 软件计算结果见表 4.2.13。

表 4.2.13 外墙 2 软件计算结果

编 码	项 目 名 称	单 位	工 程 量
011201001	墙面一般抹灰	m²	127.09
子目 3	12 厚 1∶3 水泥砂浆打底	m²	127.09
子目 2	6 厚 1∶2.5 水泥砂浆找平	m²	127.09
子目 1	喷 HJ80-1 型无机建筑涂料	m²	135.2125

单击"退出"按钮,退出"查看构件图元工程量"对话框。

七、三层建筑面积及相关量

三层建筑面积和二层完全相同,我们已经将二层构件复制上来了,直接汇总就可以了。

汇总结束后,在画"建筑面积"的状态下,单击"选择"按钮→单击画好的建筑面积,单击"查看工程量",三层建筑面积及相关量见表 4.2.14。

表 4.2.14 三层建筑面积及相关量软件计算结果

编 码	项 目 名 称	单 位	工 程 量
011703001	垂直运输(外墙内)	m²	91.12
子目1	垂直运输	m²	91.12
011703001	垂直运输(阳台)	m²	3.816
子目1	垂直运输	m²	3.816
B-002	工程水电费(外墙内)	m²	91.12
子目1	工程水电费	m²	91.12
B-002	工程水电费(阳台)	m²	3.816
子目1	工程水电费	m²	3.816
B-001	建筑面积(外墙内)	m²	91.12
子目1	建筑面积	m²	91.12
B-001	建筑面积(阳台)	m²	3.816
子目1	建筑面积	m²	3.816
011701001	综合脚手架(外墙内)	m²	91.12
子目1	综合脚手架	m²	91.12
011701001	综合脚手架(阳台)	m²	3.816
子目1	综合脚手架	m²	3.816

单击"退出"按钮,退出"查看构件图元工程量"对话框。

八、楼梯扶手(栏杆)计算

楼梯扶手(栏杆)固定在楼梯上,可以在每层进行计算,但楼楼梯扶手(栏杆)要上下层结合来看,所以将一至顶层放在一块来算。下面先了解一下关于楼梯扶手(栏杆)的计算规则。

1. 清单规则

清单规则楼梯扶手(栏杆)是按扶手中心线实际长度计算的(包括弯头长度)。

定额规则:各地计算规则不尽相同。北京规则为:是将栏杆与扶手分开来计算,栏杆按扶手中心线水平投影长度乘以高度以平方米计算,栏杆高度从扶手底算至楼梯结构上表面;扶手按中心线水平投影长度以米计算。

2. 楼梯扶手(栏杆)工程量统计

(1)首层楼梯扶手(栏杆)长度统计 首层楼梯扶手(栏杆)长度要结合首层楼梯图与二层楼梯图来计算,如图 4.2.32 所示。

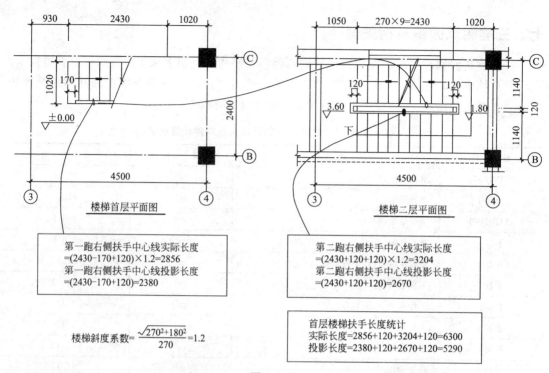

图 4.2.32

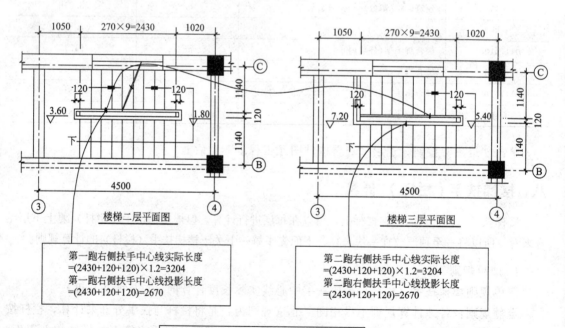

图 4.2.33

（2）二层楼梯扶手（栏杆）长度统计　二层楼梯扶手（栏杆）长度要结合首层楼梯图与三层楼梯图来计算，如图 4.2.33 所示。

（3）楼梯扶手（栏杆）软件计算　用手工统计出整楼的楼梯扶手（栏杆）长度以后，就可把手工统计的结果输入到软件的"表格输入"里了，如图 4.2.34 所示。

构件列表

新建　删除

名称	数量
1 楼梯栏杆	1

添加清单　添加定额　删除　项目特征　查询　换算　编辑计算式　做法刷

	编码	类别	项目名称	项目特征	单位	工程量表达式	工程量
1	011503001	项	金属扶手、栏杆、栏板	1. 不锈钢栏杆； 2. 不锈钢扶手	m	6.3+7.668	13.968
2	子目1	补	不锈钢栏杆		m2	(5.29+6.6)*0.9	10.701
3	子目2	补	不锈钢扶手		m	5.29+6.6	11.89

图 4.2.34

第五章　屋面层工程量计算

第一节　屋面层要计算哪些工程量

在画构件之前，我们列出屋面层要计算的构件，如图 5.1.1 所示。

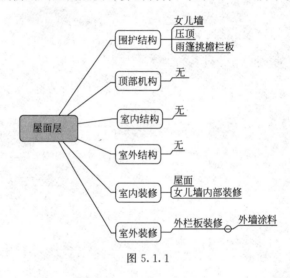

图 5.1.1

下面分别计算这些构件的工程量。

第二节　屋面层工程量计算

一、画屋面女儿墙

从建施 7 里 1—1 剖面图可以看出，屋面层的女儿墙为 240 砖墙，女儿墙顶部为 300 宽的压顶，女儿墙距离外墙轴线为 10，砖墙在其他楼层没有定义过，需要在屋面层进行定义。

1. 定义女儿墙的属性和做法

在墙里建立女儿墙的属性和做法，定义好的女儿墙的属性和做法如图 5.2.1 所示。

属性名称	属性值	附加
名称	女儿墙-240	
类别	砖墙	☐
材质	砖	☐
砂浆标号	(M5)	☐
砂浆类型	(混合砂浆)	☐
厚度(mm)	200	☐
轴线距左墙	(100)	☐
内/外墙标	外墙	☑
起点顶标高	层顶标高	☐
终点顶标高	层顶标高	☐
起点底标高	层底标高	☐
终点底标高	层底标高	☐

	编码	类别	项目名称	项目特征	单位	工程量表达式	表达式说明
1	⊟ 010401003	项	实心砖墙(女儿墙)	1. 砖品种、规格、强度等级: 页岩砖 2. 砂浆强度等级、配合比: M5	m3	TJ	TJ〈体积〉
2	└─ 子目1	补	女儿墙-240体积		m3	TJ	TJ〈体积〉

图 5.2.1

2. 画屋面层女儿墙

（1）先将女儿墙画到轴线位置　画好的女儿墙图如图 5.2.2 所示。

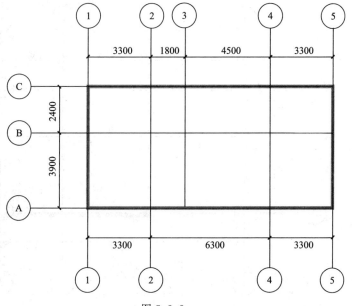

图 5.2.2

（2）偏移女儿墙到图纸标注位置并延伸使其相交　从建施 7 的节点图可看看出，女儿墙为 240，女儿墙距离外墙轴线为 10，所以女儿墙的中心线要向外移 130。用偏移的方法，将画好的女儿墙向外偏移 130，操作步骤如下。

在画"墙"的状态下，选中 1 轴女儿墙→点击墙体中心点向外拉（图 5.2.3）→输入偏移距离 130→敲回车，这样 1 轴的墙体就偏移好了。

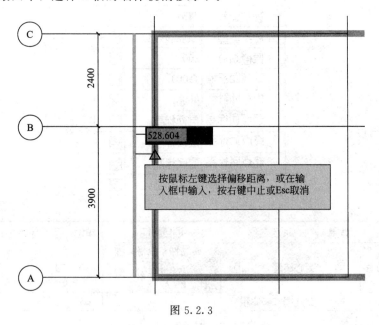

图 5.2.3

同样方式将其他位置的女儿向外偏移 130。

偏移后的四个墙体就不相交了，再用延伸的方法将四个角延伸，画好的女儿墙如图 5.2.4 所示。

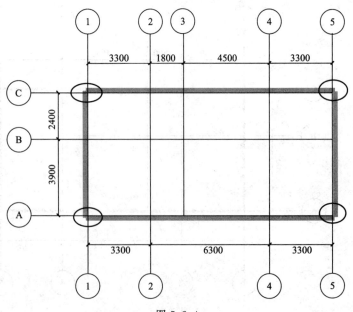

图 5.2.4

3. 查看女儿墙软件计算结果

汇总结束后，在画"墙"的状态下，用"拉框"的方法选中屋面层所有女儿墙，单击"查看工程量"按钮→单击"做法工程量"，屋面层女儿墙的做法工程量见表 5.2.1。

表 5.2.1　屋面层女儿墙做法工程量

编　　码	项 目 名 称	单　　位	工 程 量
010401003	实心砖墙（女儿墙）	m³	4.7328
子目 1	女儿墙-240 体积	m³	4.7328

单击"退出"，退出"查看构件图元工程量"对话框。

二、画屋面女儿墙压顶

从建施 7 的 1—1 剖面图可以看出，屋面层的女儿墙压顶为 300 砖墙，定义一下压顶。

1. 定义女儿墙压顶的属性和做法

单击"其他"前面的"▷"使其展开→单击下一级"压顶"→单击新建"压顶"→在"属性编辑器"内改名称为"女儿墙压顶"→填写女儿墙压顶的属性、做法如图 5.2.5 所示。

属性名称	属性值	附加
名称	女儿墙压顶	
材质	预拌混凝土	☐
砼类型	(预拌砼)	☐
砼标号	(C20)	☐
截面宽度(	300	☐
截面高度(	60	☐
截面面积(m	0.018	☐
起点顶标高	墙顶标高	☐
终点顶标高	墙顶标高	☐
轴线距左边	(150)	☐

	编码	类别	项目名称	项目特征	单位	工程量表达式	表达式说明	措施项
1	▣ 010507005	项	压顶	1. 混凝土种类：C30 2. 混凝土强度等级：预拌	m	TJ	TJ〈体积〉	☐
2	└ 子目1	补	女儿墙压顶体积		m3	TJ	TJ〈体积〉	☐
3	▣ 011702008	项	压顶	1. 普通模板	m2	MBMJ	MBMJ〈模板面积〉	☑
4	└ 子目1	补	女儿墙压顶模板面积		m2	MBMJ	MBMJ〈模板面积〉	☑

图 5.2.5

2. 画屋面层女儿墙压顶

屋面女儿墙已经画过了，压顶在女儿墙的上方，可以用智能布置的方法进行布置。

单击屏幕上方的"智能布置"→单击"墙体中心线"→拉框选择女儿墙→单击右键结束，这样屋面层女儿墙压顶就布置上了，如图 5.2.6 所示。

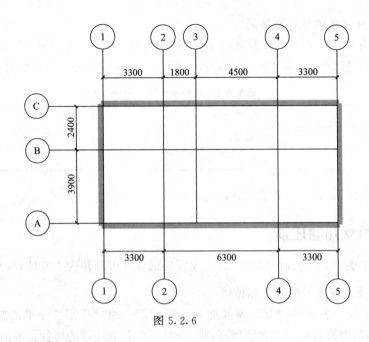

图 5.2.6

3. 查看女儿墙压顶软件计算结果

汇总结束后，在画"压顶"的状态下，用"拉框"的方法选中屋面层所有女儿墙压顶，单击"查看工程量"按钮→单击"做法工程量"，屋面层女儿墙压顶的做法工程量见表 5.2.2。

表 5.2.2　屋面层女儿压顶墙做法工程量

编　码	项 目 名 称	单　位	工 程 量
010507005	压顶	m	0.7099
子目 1	女儿墙压顶体积	m³	0.7099
011702008	压顶	m²	7.0992
子目 1	女儿墙压顶模板面积	m²	7.09992

单击"退出"，退出"查看构件图元工程量"对话框。

三、画屋面女儿墙构造柱

建施 4 给出了女儿墙构造柱布置尺寸，按照这个尺寸，先打几条辅轴。

1. 做构造柱辅轴

按照建施 4 屋顶平面图中构造柱布置画辅助轴线，画好的辅轴如图 5.2.7 所示。

2. 定义构造柱的属性和做法

屋面的构造柱为 GZ-240×240，可以把三层定义好的复制上来，定义好的构造柱如图 5.2.8 所示。

3. 画屋面层女儿墙构造柱

把构造柱画到做好的辅轴交点上，画好的女儿墙构造柱如图 5.2.9 所示。

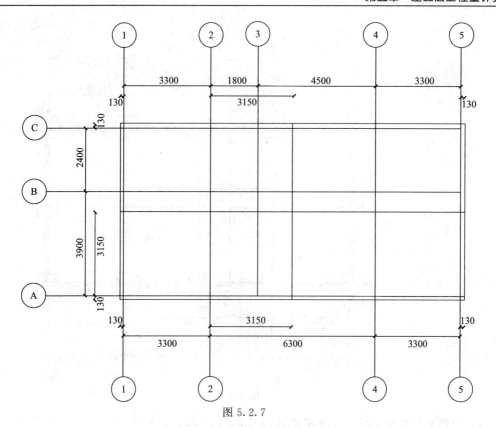

图 5.2.7

属性名称	属性值	附加
名称	GZ-240*240	
类别	带马牙槎	☐
材质	预拌混凝土	☐
砼类型	(预拌砼)	☐
砼标号	(C25)	☐
截面宽度(㎜	240	☐
截面高度(㎜	240	☐
截面面积(㎡	0.058	☐
截面周长(m	0.96	☐
马牙槎宽度	60	☐
顶标高(m)	层顶标高	☐
底标高(m)	层底标高	☐
模板类型	复合模板	☐

	编码	类别	项目名称	项目特征	单位	工程量表达式	表达式说明	措施项目
1	▣ 010502002	项	构造柱	1. 混凝土种类: 预拌 2. 混凝土强度等级: C20	m3	TJ	TJ〈体积〉	☐
2	└─ 子目1	补	构造柱体积		m3	TJ	TJ〈体积〉	☐
3	▣ 011702003	项	构造柱	1. 普通模板:	m2	MBMJ	MBMJ〈模板面积〉	☑
4	└─ 子目1	补	构造柱模板面积		m2	MBMJ	MBMJ〈模板面积〉	☐

图 5.2.8

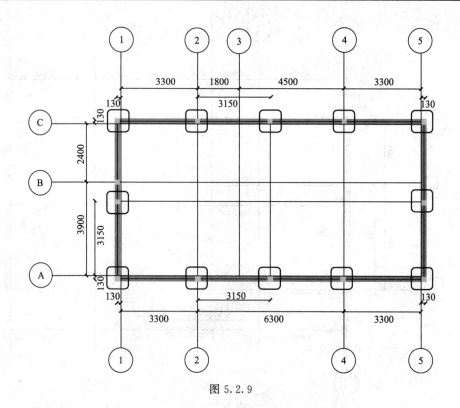

图 5.2.9

4. 查看女儿墙构造柱软件计算结果

汇总结束后，在画"构造柱"的状态下，用"拉框"的方法选中屋面层所有女儿墙构造柱，单击"查看工程量"按钮→单击"做法工程量"，屋面层女儿墙构造柱的做法工程量见表 5.2.3。

表 5.2.3　屋面层女儿墙构造柱做法工程量

编码	项目名称	单位	工程量
010502002	构造柱	m³	0.4666
子目 1	构造柱体积	m³	0.4666
011702003	构造柱	m²	4.6656
子目 1	构造柱模板面积	m²	4.6656

单击"退出"，退出"查看构件图元工程量"对话框。

删除所有的辅助轴线使界面更清晰。

四、画屋面雨篷挑檐栏板

结施 9 给出了雨篷挑檐栏板布置尺寸，按照这个尺寸，先打几条辅轴。

1. 做雨篷挑檐栏板中心线辅轴

按照结施 9 屋顶平面图里雨篷挑檐栏板中心线布置画辅助轴线，画好的辅轴如图 5.2.10 所示。

2. 定义雨篷挑檐栏板的属性和做法

从结施 9 阳台挑檐栏板详图可以看出，定义好的阳台挑檐栏板如图 5.2.11 所示。

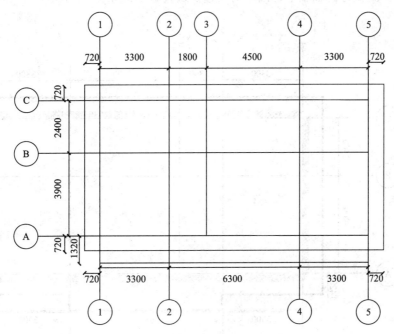

图 5.2.10

属性名称	属性值	附加
名称	雨篷挑檐	
材质	预拌混凝	☑
砼类型	(预拌砼)	☑
砼标号	(C20)	☑
截面宽度(	60	☑
截面高度(	200	☑
截面面积 (㎡	0.012	☑
起点底标高	层底标高	☑
终点底标高	层底标高	☑
轴线距左边	(30)	☑

	编码	类别	项目名称	项目特征	单位	工程量表达式	表达式说明	措施项目
1	⊟ 010505006	项	栏板	1. 混凝土种类：预拌 2. 混凝土强度等级：C30	m3	TJ	TJ〈体积〉	☐
2	└ 子目1	补	雨篷挑檐栏板体积		m3	TJ	TJ〈体积〉	☐
3	⊟ 011702021	项	栏板	1. 普通模板：	m2	MBMJ	MBMJ〈模板面积〉	☑
4	└ 子目1	补	雨篷挑檐栏板模板		m2	MBMJ	MBMJ〈模板面积〉	☑

图 5.2.11

3. 画屋面层雨篷挑檐栏板

把栏板画到做好的辅轴上，画好的雨篷挑檐栏板如图 5.2.12 所示。

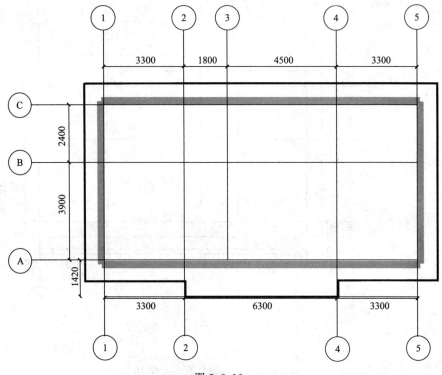

图 5.2.12

画上栏板后，删除多余的辅助轴线使界面更清晰。

4. 查看雨篷挑檐栏板软件计算结果

汇总结束后，在画"构造柱"的状态下，用"拉框"的方法选中屋面层所有雨篷挑檐栏板，单击"查看工程量"按钮→单击"做法工程量"，屋面层雨篷挑檐栏板的做法工程量见表 5.2.4。

表 5.2.4　屋面层雨篷挑檐栏板做法工程量

编　码	项目名称	单　位	工程量
010505006	栏板	m³	0.5539
子目 1	雨篷挑檐栏板体积	m³	0.5539
011702021	栏板	m²	18.464
子目 1	雨篷挑檐栏板模板	m²	18.464

单击"退出"，退出"查看构件图元工程量"对话框。

五、布置屋面

从建施 7 剖面图里可以看出屋面的做法，可以看出，挑檐屋面和雨篷屋面的做法相同，为屋面 B。而大屋面做法为屋面 A，下面先分析屋面做法与清单定额对应关系。

1. 屋面做法与清单定额对应关系

（1）屋面 A 做法与清单定额对应关系　屋面 A 做法与清单定额对应关系见表 5.2.5。

表 5.2.5　屋面 A 做法与清单定额的对应关系

清　单					定　额			
项目编码	项目名称	项目特征	单位	工程量表达式	子目	查套定额关键词	单位	工程量表达式
011201001	屋面 A：防水屋面	1. 3 厚 SBS 防水层四周上翻 250 2. 20 厚 1：2 水泥砂浆找平层 3. 1：10 水泥珍珠岩保温层厚 100 4. 1：1：10 水泥石灰炉渣找坡平均厚 50 5. 20 厚 1：2 水泥砂浆找平层 6. 钢筋混凝土板	m²	屋面面积	子目 1	3 厚 SBS 防水层四周上翻 250	m²	屋面面积＋卷边面积
					子目 2	20 厚 1：2 水泥砂浆找平层	m²	屋面面积＋卷边面积
					子目 3	1：10 水泥珍珠岩保温层厚 100	m³	屋面面积×0.1
					子目 4	1：10 水泥珍珠岩保温层厚 100	m³	屋面面积×0.05
					子目 5	20 厚 1：2 水泥砂浆找平层		屋面面积

（2）屋面 B 做法与清单定额对应关系　屋面 B 做法与清单定额对应关系见表 5.2.6。

表 5.2.6　屋面 B 做法与清单定额的对应关系

清　单					定　额			
项目编码	项目名称	项目特征	单位	工程量表达式	子目	查套定额关键词	单位	工程量表达式
011201001	屋面 A：防水屋面	1. 3 厚 SBS 防水层四周上翻 250 2. 20 厚 1：2 水泥砂浆找平层 3. 1：1：10 水泥石灰炉渣找坡平均厚 50 4. 20 厚 1：2 水泥砂浆找平层 5. 钢筋混凝土板	m²	屋面面积	子目 1	3 厚 SBS 防水层四周上翻 250	m²	屋面面积＋卷边面积
					子目 2	20 厚 1：2 水泥砂浆找平层	m²	屋面面积＋卷边面积
					子目 4	1：1：10 水泥石灰炉渣找坡平均厚 50	m³	屋面面积×0.05
					子目 5	20 厚 1：2 水泥砂浆找平层		屋面面积

2. 定义屋面的属性和做法

接下来按照表 5.2.5、表 5.2.6 来定义屋面的属性和做法，在“其他”的下一级“屋面”里来定义屋面的属性和做法。

（1）定义屋面 A 的属性和做法　屋面 A 的属性和做法如图 5.2.13 所示。

（2）定义屋面 B 的属性和做法　屋面 B 的属性和做法如图 5.2.14 所示。

3. 画屋面

布置屋面的方法非常简单，用“点”画的方法就可以了。

在画“屋面”的状态下，选择“屋面 A”，单击屏幕上方的“点”→在大屋面内任意位置点一下，这样大屋面就布置上了；再选择“屋面 B”，在挑檐内或雨篷的任意位置点一下，这样挑檐雨篷屋面就布置上了。

属性名称	属性值	附加
名称	屋面A	
顶标高(m)	顶板顶标	☐

	编码	类别	项目名称	项目特征	单位	工程量	表达式说明
1	⊟ 010902001	项	屋面卷材防水	1. 钢筋混凝土板； 2. 3厚SBS防水层四周上翻250mm； 3. 1：1：10水泥石灰炉渣找坡平均厚50mm； 4. 20厚：2水泥砂浆找平层 5. 20厚1:2水泥砂浆找平层； 6. 1:10水泥珍珠岩保温层厚100mm； :	m2	MJ	MJ〈面积〉
2	— 子目1	补	3厚SBS防水层四周上翻250mm		m2	MJ+JBMJ	MJ〈面积〉+JBMJ〈卷边面积〉
3	— 子目2	补	20厚1:2水泥砂浆找平层		m2	MJ+JBMJ	MJ〈面积〉+JBMJ〈卷边面积〉
4	— 子目3	补	1:10水泥珍珠岩保温层厚100mm		m2	MJ*0.1	MJ〈面积〉*0.1
5	— 子目4	补	1：1：10水泥石灰炉渣找坡平均厚50mm		m2	MJ*0.05	MJ〈面积〉*0.05
6	— 子目5	补	20厚1:2水泥砂浆找平层		m2	MJ	MJ〈面积〉

图 5.2.13

属性名称	属性值	附加
名称	屋面B	
顶标高(m)	顶板顶标	☐

	编码	类别	项目名称	项目特征	单位	工程量	表达式说明
1	⊟ 010902001	项	屋面卷材防水	1. 钢筋混凝土板； 2. 3厚SBS防水层四周上翻250mm； 3. 20厚1:2水泥砂浆找平层； 4. 1：1：10水泥石灰炉渣找坡平均厚50mm； 5. 20厚：2水泥砂浆找平层	m2	MJ	MJ〈面积〉
2	— 子目1	补	3厚SBS防水层四周上翻250mm		m2	MJ+JBMJ	MJ〈面积〉+JBMJ〈卷边面积〉
3	— 子目2	补	20厚1:2水泥砂浆找平层		m2	MJ+JBMJ	MJ〈面积〉+JBMJ〈卷边面积〉
4	— 子目3	补	1：1：10水泥石灰炉渣找坡平均厚50mm		m2	MJ*0.05	MJ〈面积〉*0.05
5	— 子目4	补	20厚1:2水泥砂浆找平层		m2	MJ	MJ〈面积〉

图 5.2.14

从建施 7 剖面图里屋面做法描述里看出屋面 A 卷边为 250，而屋面 B 卷边高度为 200，采用"设置所有边"的方法来处理屋面卷边。

单击屏幕上方的"定义屋面卷边"→点开选择"设置所有边"→单击"屋面 A"→单击右键弹出"请输入屋面卷边高度"对话框→填写"250"高度；单击"屋面 B"→单击右键弹出"请输入屋面卷边高度"对话框→填写"200"高度，这样屋面卷边就设置完成，布置好的屋面如图 5.2.15 所示。

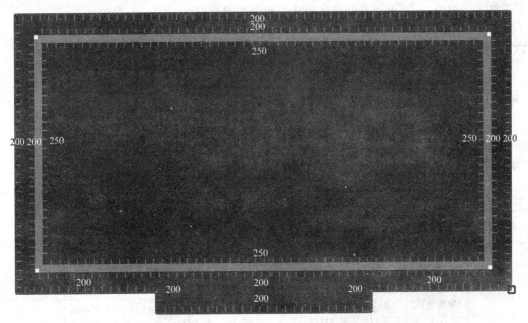

图 5.2.15

4. 查看屋面软件计算结果

汇总结束后，在画"屋面"的状态下，单击"屋面 A"，单击"查看工程量"按钮→单击"做法工程量"，屋面 A 的做法工程量见表 5.2.7。

表 5.2.7 屋面 A 做法工程量

编 码	项 目 名 称	单 位	工 程 量
010902001	屋面卷材防水	m^2	81.6544
子目 4	1：1：10 水泥石灰炉渣找坡平均厚 50	m^2	4.0827
子目 3	1：10 水泥珍珠岩保温层厚 100	m^2	8.1654
子目 2	20 厚 1：2 水泥砂浆找平层	m^2	91.2744
子目 5	20 厚 1：2 水泥砂浆找平层	m^2	81.6544
子目 1	3 厚 SBS 防水层四周上翻 250	m^2	91.2744

单击"退出"，退出"查看构件图元工程量"对话框。

单击"屋面 B"，单击"查看工程量"按钮→单击"做法工程量"，屋面 B 的做法工程量见表 5.2.8。

表 5.2.8 屋面 B 做法工程量

编 码	项 目 名 称	单 位	工 程 量
010902001	屋面卷材防水	m^2	26.7264
子目 3	1：1：10 水泥石灰炉渣找坡平均厚 50	m^2	1.3363
子目 2	20 厚 1：2 水泥砂浆找平层	m^2	43.9904
子目 4	20 厚 1：2 水泥砂浆找平层	m^2	26.7264
子目 1	3 厚 SBS 防水层四周上翻 250	m^2	43.9904

单击"退出"，退出"查看构件图元工程量"对话框。

六、画屋面女儿墙内装修及挑檐雨篷栏板内装修

女儿墙内装修及挑檐雨篷栏板内装修从建施 7 剖面图里可以外出为外墙 3，我们来看下"外墙 3"清单定额的对应关系。

1. 外墙 3 做法与清单定额对应关系

外墙 3 做法与清单定额对应关系见表 5.2.9。

表 5.2.9　外墙 3 做法与清单定额的对应关系

清单					定额			
项目编码	项目名称	项目特征	单位	工程量表达式	子目	查套定额关键词	单位	工程量表达式
011201001	外墙 3：水泥砂浆墙面	1. 6 厚 1：2.5 水泥砂浆罩面 2. 12 厚 1：3 水泥砂浆打底扫毛或划出纹道	m²	屋面面积	子目 1	6 厚 1：2.5 水泥砂浆罩面	m²	墙面抹灰面积
					子目 2	12 厚 1：3 水泥砂浆打底扫毛或划出纹道	m²	墙面抹灰面积

2. 定义外墙 3 装修的属性和做法

在墙面里新建墙面，做好的外墙 3 如图 5.2.16 所示。

3. 画屋面层女儿墙内装修

用"点"方法画女儿墙的内装修，画好的女儿墙内装修如图 5.2.17 所示。

属性名称	属性值	附加
名称	外墙3	
所附墙材质	(程序自动判断)	☐
块料厚度(	0	☐
内/外墙面	外墙面	☑
起点顶标高	墙顶标高	☐
终点顶标高	墙顶标高	☐
起点底标高	墙底标高	☐
终点底标高	墙底标高	☐

	编码	类别	项目名称	项目特征	单位	工程里表达	表达式说明
1	▣ 011201001	项	墙面一般抹灰	1. 6厚1：2.5水泥砂浆罩面; 2. 12厚1：3水泥砂浆打底扫毛或划出纹道:	m2	QMKLMJ	QMKLMJ〈墙面块料面积〉
2	子目1	补	6厚1：2.5水泥砂浆罩面		m2	QMKLMJ	QMKLMJ〈墙面块料面积〉
3	子目2	补	12厚1：3水泥砂浆打底扫毛或划出纹道		m2	QMMHMJ	QMMHMJ〈墙面抹灰面积〉

图 5.2.16

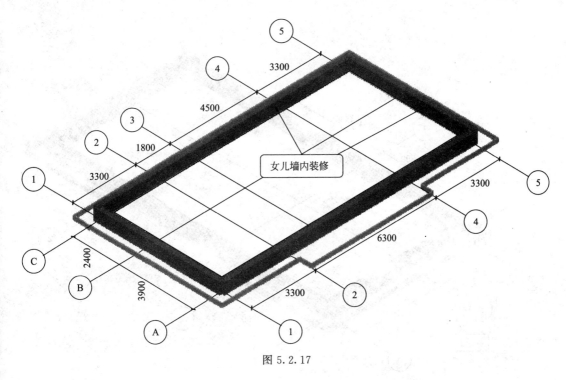

图 5.2.17

4. 画屋面层挑檐雨篷栏板内装修

挑檐雨篷栏板内部装修画图方法如女儿墙，这里不再介绍。

5. 查看女儿墙内装修软件计算结果

汇总结束后，在画"墙面"的状态下，用"批量选择"的方法选中屋面层所有"外墙3"，单击"查看工程量"按钮→单击"做法工程量"，屋面层女儿墙内装修的做法工程量见表 5.2.10。

表 5.2.10　屋面层女儿墙内装修做法工程量

编　　码	项目名称	单　　位	工　程　量
011201001	墙面一般抹灰	m²	39.2344
子目 2	12 厚 1：3 水泥砂浆打底扫毛或划出纹道	m²	39.2344
子目 1	6 厚 1：2.5 水泥砂浆罩面	m²	39.2344

单击"退出"，退出"查看构件图元工程量"对话框。

需要注明一下，软件算女儿墙内装修时软件会自动算到压顶的顶面中心线，同样女儿墙外装修时软件会自动算到压顶的顶面中心线，等于压顶的装修不用单算，这样软件算的工程量会和手工有所误差。

七、画屋面女儿墙外装修及挑檐雨篷栏板外装修

女儿墙外装修及挑檐雨篷栏板外装修从建施 5、建施 6 立面图里可以外出为外墙 2，外墙 2 在其他楼层已定义，把它复制上来。

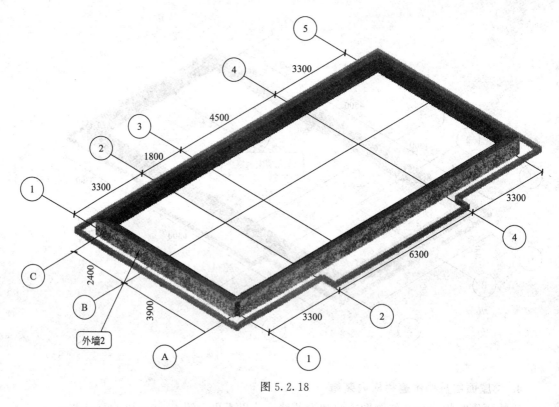

图 5.2.18

1. 画屋面层女儿墙外装修

用"点"方法画女儿墙的外装修，画好的女儿墙内装修如图 5.2.18 所示。

2. 画屋面层挑檐雨篷栏板外装修

挑檐雨篷栏板外部装修画图方法如女儿墙，这里不再介绍。

3. 查看女儿墙外装修软件计算结果

汇总结束后，在画"墙面"的状态下，用"批量选择"的方法选中屋面层所有"外墙2"，单击"查看工程量"按钮→单击"做法工程量"，屋面层女儿墙内装修的做法工程量见表 5.2.11。

表 5.2.11　屋面层女儿墙内装修做法工程量

编　　码	项 目 名 称	单　位	工　程　量
011201001	墙面一般抹灰	m²	40.756
子目 3	12 厚 1∶3 水泥砂浆打底	m²	40.756
子目 2	6 厚 1∶2.5 水泥砂浆找平	m²	40.756
子目 1	喷 HJ80-1 型无机建筑涂料	m²	40.756

单击"退出"，退出"查看构件图元工程量"对话框。

八、屋面排水管工程量计算

从建施 4 屋面平面图里可以看出屋面排水管的位置，从图里可以看出有四根排水管，分别在屋面四个角位置。

1. 排水管工程计算

屋面的标高为 10.75，而室外地坪的标高为 -0.45，那么排水管高度为 10.75-(-0.45)= 11.2m。每个落水管屋面下口位置有个雨水斗，四根排水管下应有四个雨水斗。

2. 在表格输入法里计算排水管的工程量

在表格输入法里计算排水管的工程量，输入好的排水管的工程量如图 5.2.19 所示。

	编码	类别	项目名称	项目	单位	工程量表达式	工程量
1	010902004	项	屋面排水管		m	11.2*4	44.8
2	子目1	补	排水管长度		m	11.2*4	44.8
3	子目2	补	雨水斗		m	4	4

新建 删除

名称	数量
1 排水管	1

图 5.2.19

第六章　基础层工程量计算

第一节　基础层要算哪些工程量

在画构件之前，列出基础层要计算的构件，如图 6.1.1 所示。

从图 6.1.1 可以得知，基础层要计算三大块，从筏板基础开始算起。

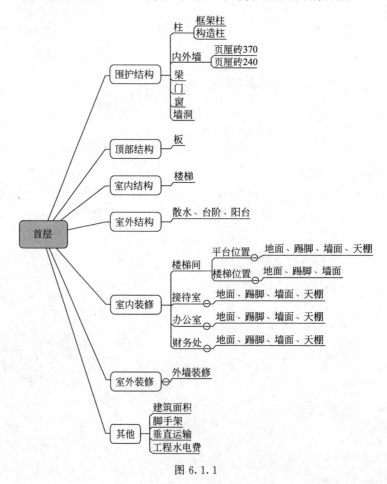

图 6.1.1

第二节 基础层工程量计算

一、筏板工程量计算

从结施 1 筏板基础配筋图可以看出，筏板的底标高为 −1.5，厚度为 300，其平面形状就是外墙皮宽出 250，在基础层重新画筏板基础很麻烦，可以把首层墙柱复制下来，利用外墙外边线布置筏板就比较简单，而且基础层墙也要计算工程量。先把墙柱复制下来。

1. 将首层墙、柱复制到基础层

将首层墙柱复制到基础层操作步骤如下：

将楼层切换到"基础层"→单击"楼层"下拉菜单→单击"从其他楼层复制构件图元"，弹出"从其他楼层复制图元"对话框→在"图元选择"框空白处单击右键→单击"全部展开"→下列构件前的"√"，分别是"页岩砖-370"、"页岩砖-240"、"柱（TZ 除外）"、"构造柱"，如图 6.2.1 所示。

单击"确定"，弹出"提示"对话框→单击"确定"，这样首层墙柱构件就复制到基础层了，复制好的构件如图 6.2.2 所示。

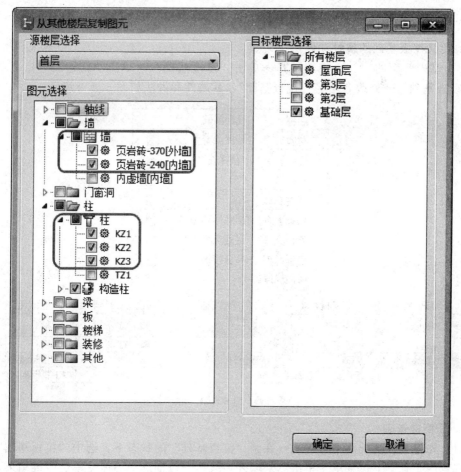

图 6.2.1

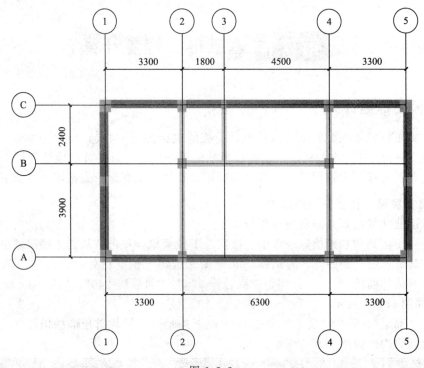

图 6.2.2

2. 定义筏板基础的属性和做法

单击基础前面的"▷"将其展开→单击"筏板基础"→单击"新建"下拉菜单→单击"新建筏板基础"→修改名字为"筏板基础",其属性和做法如图 6.2.3 所示。

名称	筏板基础	
材质	预拌混凝土	☐
砼类型	(预拌砼)	☐
砼标号	C30	☐
厚度(mm)	300	☐
顶标高(m)	层底标高+0.3	☐
底标高(m)	层底标高	☐
模板类型	复合模板	☐
砖胎膜厚度	0	☐

	编码	类别	项目名称	项目特征	单位	工程里表达	表达式说明	措施项
1	▣ 010501004	项	满堂基础	1. 混凝土种类: C30 2. 混凝土强度等级: 预拌	m3	TJ	TJ<体积>	☐
2	└ 子目1	补	满堂基础体积		m3	TJ	TJ<体积>	☐
3	▣ 011702001	项	基础	1. 普通模板:	m2	MBMJ	MBMJ<模板面积>	☑
4	└ 子目1	补	满堂基础模板面积		m2	MBMJ	MBMJ<模板面积>	☑

图 6.2.3

3. 画筏板基础

(1) 先将筏板基础画到外边线 在画"筏板基础"的状态下,选中"筏板基础"名称→单击"智能布置"下拉菜单→单击"外墙外边线"→拉框选择墙体→单击右键结束,这样筏板基础就布置到外墙外边线了,如图 6.2.4 所示。

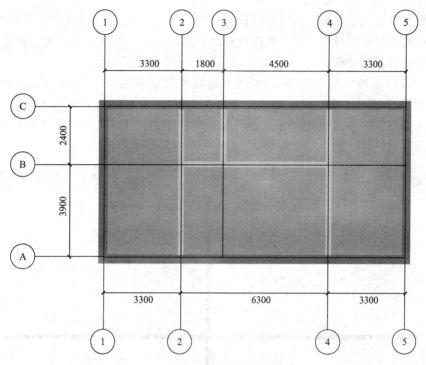

图 6.2.4

（2）将筏板偏移到图纸要求位置 这时候筏板虽然画好了，但是并不符合图纸要求，从结施1筏板配筋图可以看出，筏板基础外边线宽出外墙外边线250，所以要将刚才画好的筏板基础向外偏移250，操作步骤如下。

在画"筏板基础"的状态下，选中"筏板基础"名称→单击右键弹出右键菜单→单击"偏移"，弹出"请选择偏移方式"对话框→单击"整体偏移"→拖住鼠标向外移，填写偏移值"500"→敲回车结束，这样筏板基础基础就偏移好了，如图6.2.5所示。

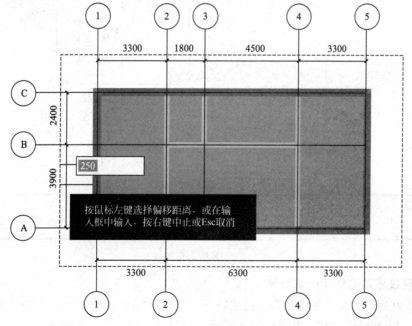

图 6.2.5

（3）**修改筏板基础有坡** 这时候筏板虽然大小对了，但是边坡并不符合图纸要求，从结施1筏板配筋图里可以看出，本工程筏板基础边坡为斜坡，而现在软件画出的边坡是齐的，下面是具体修改操作步骤。

在画"筏板基础"的状态下，选中已画好的"筏板基础"→单击右键弹出右键菜单→选择"设置筏板边坡"→单击"设置所有边坡"，弹出"设置所有边坡"对话框→单击"边坡节点3"→修改边坡尺寸（图6.2.6）→单击"确定"，这样筏板基础边坡就修改好了。

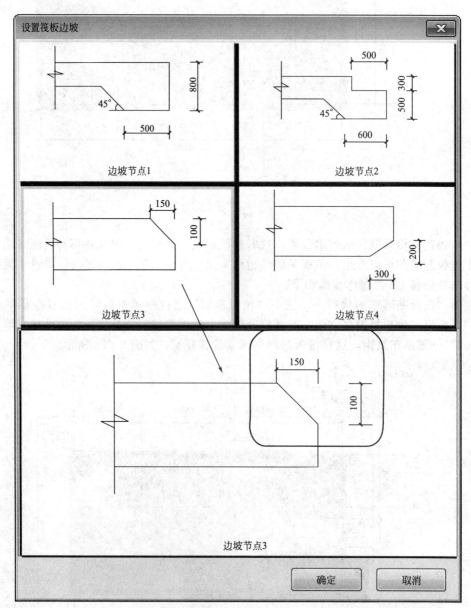

图6.2.6

4. 查看筏板基础软件计算结果

汇总结束后，在画"筏板基础"的状态下，选中画好的筏板基础，单击"查看工程量"按钮→单一击"做法工程"，基础层筏板基础工程量软件计算结果见表6.2.1。

表 6.2.1　筏板基础工程量软件计算

编　码	项 目 名 称	单　位	工 程 量
011702001	基础	m^2	8.48
子目 1	满堂基础模板面积	m^2	8.48
010501004	满堂基础	m^3	30.126
子目 1	满堂基础体积	m^3	30.126

单击"退出",退出"查看构件图元工程量"对话框。

二、筏板垫层工程量计算

从结施 1 筏板基础配筋图节点图可以看出,基础垫层比筏板基础宽出 100。

1. 定义基础垫层的属性和做法

单击基础前面的"▷"将基础展开→单击"垫层"→单击"新建"下拉菜单→单击"新建面型垫层"→修改名称为"垫层",其属性和做法如图 6.2.7 所示。

属性名称	属性值	附加
名称	垫层	
材质	预拌混凝土	☐
砼类型	(预拌砼)	☐
砼标号	(C10)	☐
形状	面型	☐
厚度(mm)	100	☐
顶标高(m)	基础底标高	☐

	编码	类别	项目名称	项目特征	单位	工程量表达	表达式说明	措施项
1	▣ 010501001	项	垫层	1. 混凝土种类: C15 2. 混凝土强度等级: 预拌	m3	TJ	TJ〈体积〉	☐
2	└ 子目1	补	满堂基础垫层体积		m3	TJ	TJ〈体积〉	☐
3	▣ 011702001	项	基础	1. 普通模板:	m2	MBMJ	MBMJ〈模板面积〉	☑
4	└ 子目1	补	满堂基础垫层模板面积		m2	MBMJ	MBMJ〈模板面积〉	☑

图 6.2.7

2. 画基础垫层

在画"垫层"的状态下,选中"垫层"名称→单击"智能布置"下拉菜单→单击"筏板基础"选中已画好的筏板基础→单击右键,弹出"请输入出边距离"对话栏→输入偏移值"100"→单击"确定",这样基础垫层就画好了,如图 6.2.8 所示。

3. 查看筏板基础垫层软件计算结果

汇总结束后,在画"垫层"的状态下,选中画好的筏板基础垫层,单击"查看工程量"按钮→单一击"做法工程",基础层筏板基础垫层工程量软件计算结果见表 6.2.2。

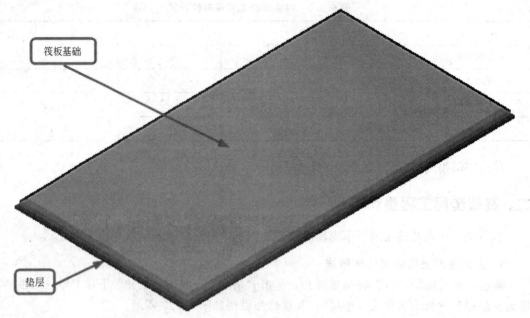

图 6.2.8

表 6.2.2　筏板基础垫层工程量软件计算

编　　码	项目名称	单　位	工 程 量
010501001	垫层	m³	10.575
子目 1	满堂基础垫层体积	m³	10.575
011702001	基础	m²	4.32
子目 1	满堂基础垫层模板面积	m²	4.32

单击"退出",退出"查看构件图元工程量"对话框。

三、基础梁工程量计算

从结施 2 可以看出基础梁的平面图,从图里面可以看出,基础梁的底标高与筏板基础的底标高相同,先定义基础梁。

1. 定义基础梁的属性和做法

单击"基础"前面的"▷"将其展开→单击"基础梁"→单击"新建"下拉菜单→单击"新建基础梁"→修改其名称为 JZL1,其属性和做法如图 6.2.9 所示。

用同样的方法定义 JZL2、JZL3、JZL4、JCL1,如图 6.2.10～图 6.2.13 所示。

2. 画基础梁

按照建施 2 基础梁配筋图来画基础梁,画好的基础梁如图 6.2.14 所示。

【注意】 画基础的时候可以在英文状态下按"Q"将墙隐藏掉,这样更清晰画基础梁。

3. 修改基础梁的顶标高

从结施 2 基础图可以看出,基础梁的底标高与筏板底标高相同,所以要把基础梁的顶标高修改为"基础顶标高加梁高",如图 6.2.15 所示。

属性名称	属性值	附加
名称	JZL1	
类别	基础主梁	☐
材质	预拌混凝	☐
砼类型	(预拌砼)	☐
砼标号	(C30)	☐
模板类型	复合模板	☐
截面宽度(	500	☐
截面高度(	500	☐
截面面积(m	0.25	☐
截面周长(m	2	☐
起点顶标高	基础顶标	☐
终点顶标高	基础顶标	☐
轴线距梁左	(250)	☐

	编码	类别	项目名称	项目特征	单位	工程量表达	表达式说明
1	▣ 010503001	项	基础梁	1. 混凝土种类: C30 2. 混凝土强度等级: 预拌	m3	TJ	TJ〈体积〉
2	└ 子目1	补	基础梁体积		m3	TJ	TJ〈体积〉
3	▣ 011702005	项	基础梁	1. 普通模板:	m2	MBMJ	MBMJ〈模板面积〉
4	└ 子目1	补	基础梁模板面积		m2	MBMJ	MBMJ〈模板面积〉

图 6.2.9

属性名称	属性值	附加
名称	JZL2	
类别	基础主梁	☐
材质	预拌混凝	☐
砼类型	(预拌砼)	☐
砼标号	(C30)	☐
模板类型	复合模板	☐
截面宽度(	500	☐
截面高度(	500	☐
截面面积(m	0.25	☐
截面周长(m	2	☐
起点顶标高	基础顶标	☐
终点顶标高	基础顶标	☐
轴线距梁左	(250)	☐

	编码	类别	项目名称	项目特征	单位	工程量表达	表达式说明
1	▣ 010503001	项	基础梁	1. 混凝土种类: C30 2. 混凝土强度等级: 预拌	m3	TJ	TJ〈体积〉
2	└ 子目1	补	基础梁体积		m3	TJ	TJ〈体积〉
3	▣ 011702005	项	基础梁	1. 普通模板:	m2	MBMJ	MBMJ〈模板面积〉
4	└ 子目1	补	基础梁模板面积		m2	MBMJ	MBMJ〈模板面积〉

图 6.2.10

属性名称	属性值	附加
名称	JZL3	
类别	基础主梁	☐
材质	预拌混凝	☐
砼类型	(预拌砼)	☐
砼标号	(C30)	☐
模板类型	复合模板	☐
截面宽度(	400	☐
截面高度(	500	☐
截面面积(m	0.2	☐
截面周长(m	1.8	☐
起点顶标高	基础顶标	☐
终点顶标高	基础顶标	☐

	编码	类别	项目名称	项目特征	单位	工程量表达	表达式说明
1	▣ 010503001	项	基础梁	1. 混凝土种类: C30 2. 混凝土强度等级: 预拌	m3	TJ	TJ<体积>
2	└ 子目1	补	基础梁体积		m3	TJ	TJ<体积>
3	▣ 011702005	项	基础梁	1. 普通模板:	m2	MBMJ	MBMJ<模板面积>
4	└ 子目1	补	基础梁模板面积		m2	MBMJ	MBMJ<模板面积>

图 6.2.11

属性名称	属性值	附加
名称	JZL4	
类别	基础主梁	☐
材质	预拌混凝	☐
砼类型	(预拌砼)	☐
砼标号	(C30)	☐
模板类型	复合模板	☐
截面宽度(	400	☐
截面高度(	500	☐
截面面积(m	0.2	☐
截面周长(m	1.8	☐
起点顶标高	基础顶标	☐
终点顶标高	基础顶标	☐
轴线距梁左	(200)	☐

	编码	类别	项目名称	项目特征	单位	工程量表达	表达式说明
1	▣ 010503001	项	基础梁	1. 混凝土种类: C30 2. 混凝土强度等级: 预拌	m3	TJ	TJ<体积>
2	└ 子目1	补	基础梁体积		m3	TJ	TJ<体积>
3	▣ 011702005	项	基础梁	1. 普通模板:	m2	MBMJ	MBMJ<模板面积>
4	└ 子目1	补	基础梁模板面积		m2	MBMJ	MBMJ<模板面积>

图 6.2.12

属性名称	属性值	附加
名称	JCL1	
类别	基础主梁	☐
材质	预拌混凝	☐
砼类型	(预拌砼)	☐
砼标号	(C30)	☐
模板类型	复合模板	☐
截面宽度（	300	☐
截面高度（	500	☐
截面面积 (m	0.15	☐
截面周长 (m	1.6	☐
起点顶标高	基础顶标	☐
终点顶标高	基础顶标	☐
轴线距梁左	(150)	☐

	编码	类别	项目名称	项目特征	单位	工程量表达	表达式说明
1	☐ 010503001	项	基础梁	1. 混凝土种类：C30 2. 混凝土强度等级：预拌	m3	TJ	TJ〈体积〉
2	└ 子目1	补	基础梁体积		m3	TJ	TJ〈体积〉
3	☐ 011702005	项	基础梁	1. 普通模板：	m2	MBMJ	MBMJ〈模板面积〉
4	└ 子目1	补	基础梁模板面积		m2	MBMJ	MBMJ〈模板面积〉

图 6.2.13

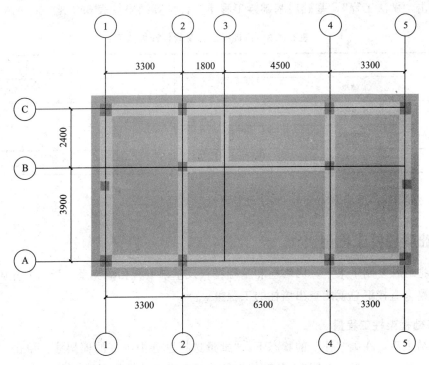

图 6.2.14

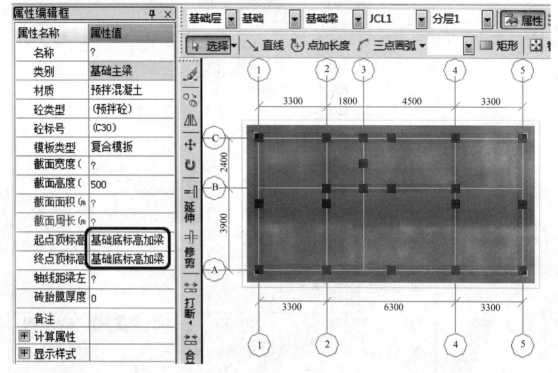

图 6.2.15

4. 查看基础梁软件计算结果

汇总结束后，在画"基础梁"的状态下，选中画好的基础梁，单击"查看工程量"按钮→单一击"做法工程"，基础层基础梁工程量软件计算结果见表 6.2.3。

表 6.2.3　基础梁工程量软件计算结果

编　　码	项 目 名 称	单　位	工 程 量
010503001	基础梁	m³	5.357
子目 1	基础梁体积	m³	5.357
011702005	基础梁	m²	22.54
子目 1	基础梁模板面积	m²	22.54

单击"退出"，退出"查看构件图元工程量"对话框。

四、基础层墙柱工程量

已经把墙柱复制下来了，因墙柱和基础筏板及基础梁有扣减关系，所以要先画上基础筏板和基础梁，直接汇总就能查出墙柱的工程量。

1. 基础框架柱工程量

汇总结束后，在画"柱"的状态下，"批量选择"选中画好的框架柱，单击"查看工程量"按钮→单一击"做法工程"，基础层框架柱工程量软件计算结果见表 6.2.4。

表 6.2.4　框架柱工程量软件计算结果

编　码	项目名称	单　位	工　程　量
010502001	矩形柱	m³	2.438
子目 1	框架柱体积	m³	2.438
011702002	矩形柱	m²	21.16
子目 2	框架柱超高模板面积	m²	0
子目 1	框架柱模板面积	m²	21.16

2. 基础构造柱工程量

在画"构造柱"的状态下，"批量选择"选中画好的构造柱，单击"查看工程量"按钮→单一击"做法工程"，基础层构造柱工程量软件计算结果见表 6.2.5。

表 6.2.5　构造柱工程量软件计算结果

编　码	项目名称	单　位	工　程　量
010502002	构造柱	m³	0.5929
子目 1	构造柱体积	m³	0.5929
011702003	构造柱	m²	3.634
子目 1	构造柱模板面积	m²	3.634

3. 基础页岩砖墙工程量

在画"页岩砖墙"的状态下，拉框选中画好的页岩砖墙，单击"查看工程量"按钮→单一击"做法工程"，基础层页岩砖墙工程量软件计算结果见表 6.2.6。

表 6.2.6　页岩砖墙工程量软件计算结果

编　码	项目名称	单　位	工　程　量
010401003	实心砖墙（内墙）	m³	5.106
子目 1	页岩砖 240 体积	m³	5.106
010401003	实心砖墙（外墙）	m³	14.1204
子目 1	页岩砖 370 体积	m³	14.1204

五、大开挖工程量计算

筏板基础土方要采用大开挖的方式，工作面未给出具体数字，根据 2013 版。清单规定，如果不做防水的话工作面从垫层外放 300，从垫层底标高－1.6 到室外地坪标高－0.45 高度不满足 1.5，清单及北京定额规定不超过 1.5 不考虑放坡。

1. 定义大开挖土方的属性和做法

单击土方前面的"▷"将基础展开→单击"大开挖土方"→单击"新建"下拉菜单→单击"新建大开挖"→修改名称为"大开挖土方"，其属性和做法如图 6.2.16 所示。

属性名称	属性值	附加
名称	大开挖	
深度(mm)	(1050)	☐
工作面宽(	300	☐
放坡系数	0	☐
顶标高(m)	底标高加	☐
底标高(m)	层底标高	☐

	编码	类别	项目名称	项目特征	单位	工程里表达	表达式说明
1	☐ 010101002	项	挖一般土方	1. 土壤类别：三类土 2. 弃土运距：1km以内	m3	TFTJ	TFTJ〈土方体积〉
2	└ 子目1	补	大开挖土方		m3	TFTJ	TFTJ〈土方体积〉
3	☐ 010103001	项	回填方	1. 土壤类别：三类土 2. 运距：1km以内	m3	STHTTJ	STHTTJ〈素土回填体积〉
4	└ 子目1	补	回填土方		m3	STHTTJ	STHTTJ〈素土回填体积〉
5	└ 子目2	补	运回填土		m3	STHTTJ	STHTTJ〈素土回填体积〉

图 6.2.16

2. 布置大开挖土方

在这里采用"智能布置"的方法画大开挖土方，依据垫层布置大开挖土方，操作步骤如下：

在画"大开挖土方"的状态下，选中"大开挖土方"名称→单击"智能布置"下拉菜单→单击"面式垫层"→拉框选择垫层→单击右键结束。这样大开挖土方就布置好了，如图 6.2.17所示。

图 6.2.17

3. 查看大开挖土方软件计算结果

汇总结束后，在画"大开挖土方"的状态下，拉框选中画好的页岩砖墙，单击"查看工程量"按钮→单击"做法工程"，基础大开挖土方工程量软件计算结果见表 6.2.7。

表 6.2.7 大开挖土方工程量软件计算结果

编　码	项 目 名 称	单　位	工 程 量
010103001	回填方	m³	80.1352
子目 1	回填土方	m³	80.1352
子目 2	运回填土	m³	80.1352
010101002	挖一般土方	m³	136.9305
子目 1	大开挖土方	m³	136.9305

附 图

建筑总说明

一、工程概况

1. 项目名称：快算公司培训楼。

2. 建筑性质：框架结构，地上三层，基础为梁式筏板基础。

3. 本工程为造价初学者设计的培训楼，通过这个工程更多地了解框架结构工和软件最基本的知识点。

二、节能设计

1. 本建筑物体形系数＜0.3。

2. 本建筑物外墙砌体为370mm厚页岩砖砌体，外墙外侧均做35mm厚聚苯颗粒作为外墙外保温做法，传热系数＜0.6 W/(m²·K)。

3. 本建筑物外塑钢门窗均为单层框中空玻璃，传热系数为3.0 W/(m²·K)。

三、防水设计

1. 本建筑物屋面工程防水等级为二级，平屋面采用3mm厚高聚物改性沥青加防水卷材防水，屋面雨水采用φ100PVC管排水。

2. 楼地面防水：在凡需要楼地面防水的房间，均做水泥沉性涂膜防水三道，共2mm厚，防水层试验后卷起300mm高，房间在做完闭水试验后进行下道工序施工，凡管道穿楼板处预埋处防水套管。

四、墙体设计

1. 外墙：均为370mm厚页岩砖砌体及35mm厚聚苯颗粒保温复合墙体。

2. 内墙：均为240mm厚页岩砖砌体。

3. 墙体砂浆：页岩砖砌体±0.00以下使用M5.0水泥砂浆砌筑，±0.00以上使用M7.5水泥砂浆砌筑。

五、其他

1. 防腐除锈：所有预埋铁件，在预埋前均应做除锈处理；所有预埋木砖在预埋前，均应先用沥青油做防腐处理。

2. 所用门窗除特别注明外，门窗的立框位置居墙中线。

3. 凡室内有地漏的房间，除特别注明外，其地面应自门中或墙边向地漏方向做0.5%的坡。

房间名称见表1，门窗数量及规格统计表见表2。

表1 房间名称

层	房间名称	地面	踢脚/墙裙	天棚	备注
一层	接待室	地1	踢A 裙A	棚B	1. 所有踢脚高度均为100mm高
	办公室、财务处	地1	踢A	棚B	2. 接待厅墙裙高度为1200mm高
	卫生间	地2	踢A	棚A	3. 所有有窗窗户（楼梯间窗户除外）均做窗台板，窗台板均为大理石，尺寸为：洞口宽×200mm
	楼梯间	地1	踢A	棚B	
二层	休息室、工作室	楼1	踢A	棚A	
	卫生间	楼2	踢A	棚B	
	楼梯间	楼1	踢A	棚A	
	阳台	详墙身1-1剖面			
三层	休息室、工作室	楼1	踢A	棚B	
	卫生间	楼2	踢A	棚A	
	楼梯间	楼3	踢A	棚B	
	阳台	详墙身1-1剖面			
台阶	水泥砂浆台阶				
散水	混凝土散水				

工程名称	快算公司培训楼
图名	建筑总说明
图号	建总1
设计	张向荣

工程名称	快算公司培训楼
图名	建筑总说明
图号	建总.2
设计	张向荣

工程做法明细

一、地1　铺瓷砖地面

1. 5mm 厚铺800mm×800mm×10mm 瓷砖,白水泥擦缝。
2. 20mm 厚1:4 干硬性水泥砂浆黏结层。
3. 素水泥结合层一道。
4. 20mm 厚1:3 水泥砂浆找平。
5. 50mm 厚C15 混凝土垫层。
6. 150mm 厚3:7 灰土垫层。
7. 素土夯实。

二、地2　铺地砖防水地面

1. 5mm 厚铺300mm×300mm×10mm 瓷砖,白水泥擦缝。
2. 20mm 厚1:4 干硬性水泥砂浆黏结层。
3. 1.5mm 厚聚合物水泥基防水涂料,地漏处找坡。
4. 35mm 厚C15 细石混凝土,从门口向地漏处找坡。
5. 50mm 厚C15 混凝土垫层。
6. 150mm 厚3:7 灰土垫层。
7. 素土夯实。

三、楼1　铺瓷砖地面

1. 5mm 厚铺800mm×800mm×10mm 瓷砖,白水泥擦缝。
2. 20mm 厚1:4 干硬性水泥砂浆黏结层。
3. 素水泥结合层一道。
4. 35mm 厚C15 细石混凝土找平层。
5. 素水泥结合层一道。
6. 钢筋混凝土楼板。

四、楼2　铺地砖防水地面

1. 5mm 厚铺300mm×300mm×10mm 瓷砖,白水泥擦缝。
2. 20mm 厚1:4 干硬性水泥砂浆黏结层。
3. 1.5mm 厚聚合物水泥基防水涂料,地漏处找坡。
4. 35mm 厚C15 细石混凝土,从门口向地漏处找坡。
5. 素水泥结合层一道。
6. 钢筋混凝土楼板。

五、楼3　瓷质防滑地砖

1. 铺300mm×300mm 瓷质防滑地砖,白水泥擦缝。
2. 20mm 厚1:4 干硬性水泥砂浆黏结层。
3. 素水泥结合层一道。
4. 钢筋混凝土楼梯。

六、踢A　水泥砂浆踢脚

1. 8mm 厚1:2.5 水泥砂浆罩面压实赶光。
2. 8mm 厚1:3 水泥砂浆打底扫毛或划出纹道。

七、裙A　胶合板墙裙

1. 饰面油漆刮腻子、磨砂纸、刷底漆两遍,刷聚酯清漆两遍。

表2　门窗数量及规格统计表

编号	规格(洞口尺寸)/mm 宽度	规格(洞口尺寸)/mm 高度	离地高度/mm	名称	数量 一层	数量 二层	数量 三层	合计
M-1	3900	2700		铝合金90系列双扇推拉门	1			1
M-2	900	2400		木质门	2	2	2	6
M-3	750	2100		木质门	1	1	1	3
C-1	1500	1800	900	双扇塑钢推拉窗	4	4	4	12
C-2	1800	1800	900	三扇塑钢推拉窗	1	1	1	3
MC-1	见详图			塑钢门联窗		1	1	2

工程名称	快算公司培训楼
图名	建筑总说明
图号	建总3	设计	张向荣

八、内墙 A　涂料墙面

1. 抹灰面刮两遍仿瓷涂料。
2. 5mm 厚 1：2.5 水泥砂浆找平。
3. 9mm 厚 1：3 水泥砂浆打底扫毛或划出纹道。

九、内墙 B　薄型面砖墙面（防水）

1. 粘贴 5～6mm 厚面砖。
2. 1.5mm 厚聚合物水泥基防水涂料。
3. 9mm 厚 1：3 水泥砂浆打底扫毛或划出纹道。

十、棚 A　铝合金条板吊顶（吊顶高度 3000mm）

1. 现浇板混凝土预留圆 10mm 吊环，间距≤1500mm。
2. U 型轻钢龙骨，中距≤1500mm。
3. 1.0mm 厚铝合金条板，离缝安装带，插缝板。

十一、棚 B　石灰砂浆抹灰天棚

1. 抹灰面刮三遍仿瓷涂料。

2. 粘柚木饰面板。
3. 12mm 木质基层板。
4. 木龙骨（断面 30mm×40mm，间距 300mm×300mm）。

十二、外墙 1　贴陶质釉面砖

1. 1：1 水泥（或水泥掺色）砂浆（细砂）勾缝。
2. 贴 194mm×94mm 陶质外墙釉面砖。
3. 6mm 厚 1：2 水泥砂浆。
4. 12mm 厚 1：3 水泥砂浆打底扫毛或划出纹道。

十三、外墙 2　涂料墙面（含阳台、雨篷、挑檐板装修）

1. 喷 HJ80-1 型无机建筑涂料。
2. 6mm 厚 1：2.5 水泥砂浆找平。
3. 12mm 厚 1：3 水泥砂浆打底扫毛或划出纹道。
4. 刷素水泥浆一遍（内掺建筑胶）。

十四、外墙 3　水泥砂浆墙面

1. 6mm 厚 1：2.5 水泥砂浆罩面。
2. 12mm 厚 1：3 水泥砂浆打底扫毛或划出纹道。
3. 刷素水泥浆一遍（内掺建筑胶）。

十五、台阶　水泥砂浆台阶

1. 20mm1：2.5 水泥砂浆面层。
2. 100mmC15 碎石混凝土台阶。
3. 300mm 厚 3：7 灰土垫层。

十六、散水

1. 1：1 水泥砂浆面层一次抹光。
2. 80mmC15 碎石混凝土散水，沥青砂浆嵌缝。
3. 素土夯实。

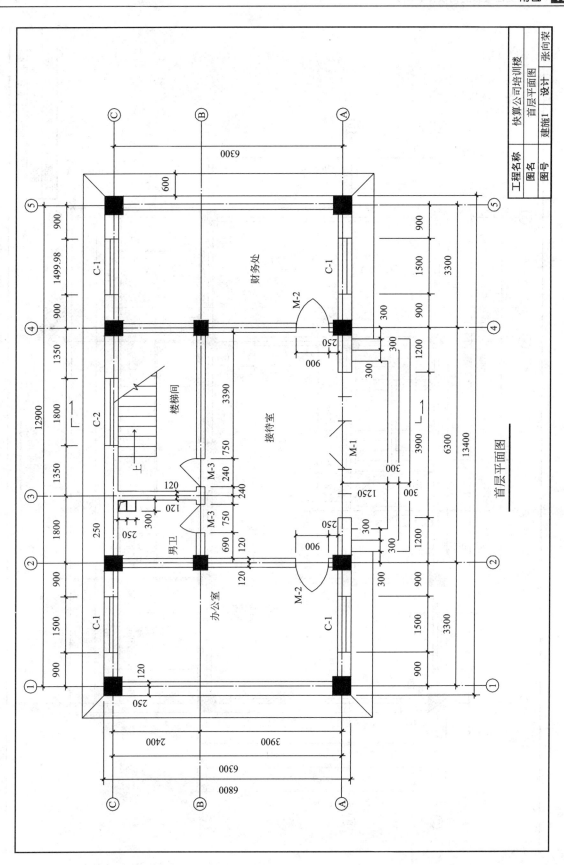

首层平面图

工程名称	快算公司培训楼
图名	首层平面图
图号	建施1	设计	张向荣

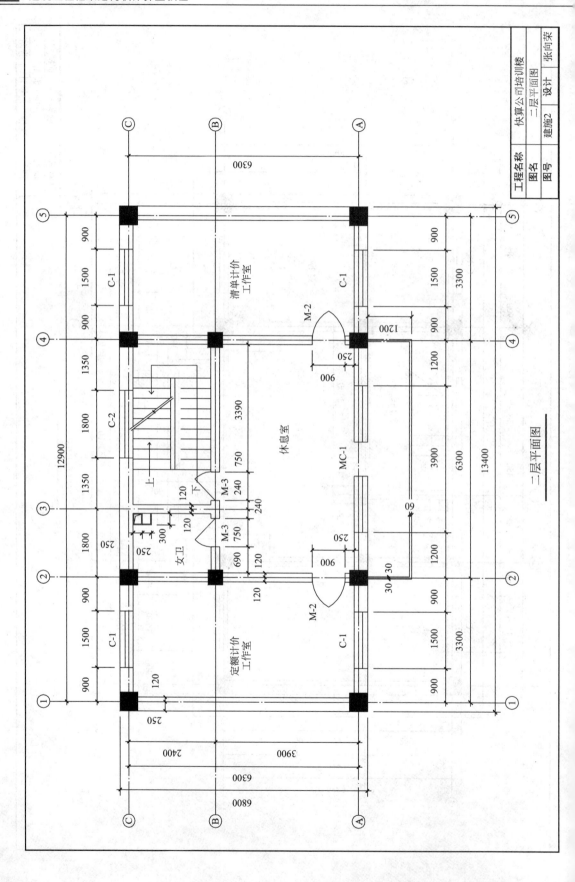

二层平面图

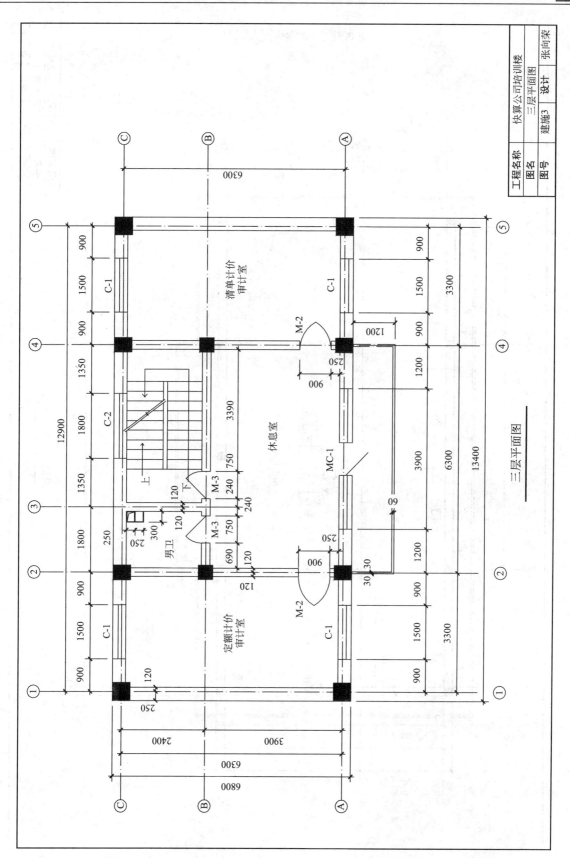

三层平面图

工程名称	快算公司培训楼
图名	三层平面图
图号	建施3	设计	张向荣

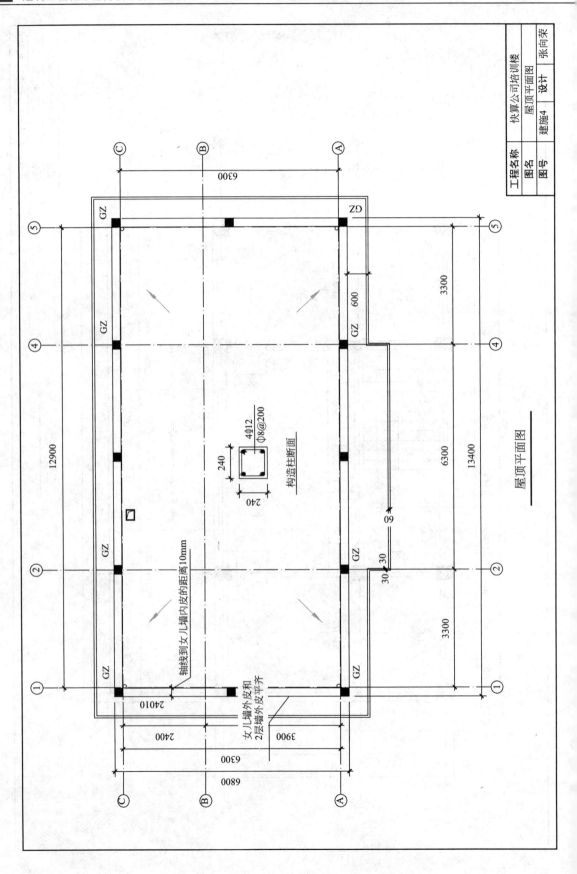

屋顶平面图

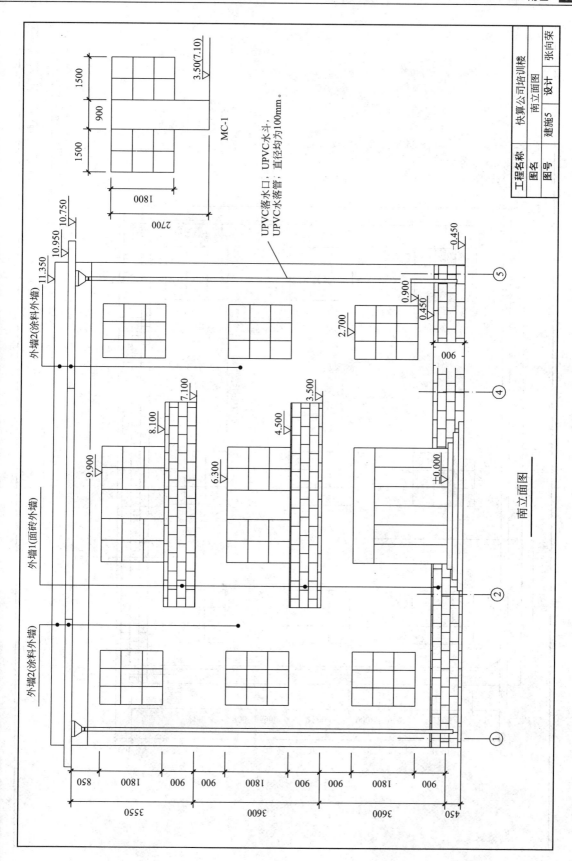

南立面图

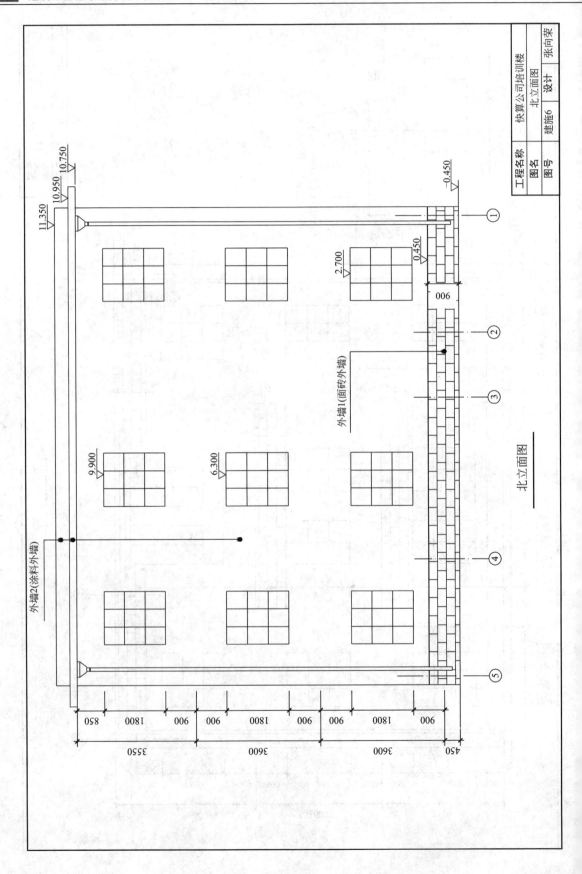

北立面图

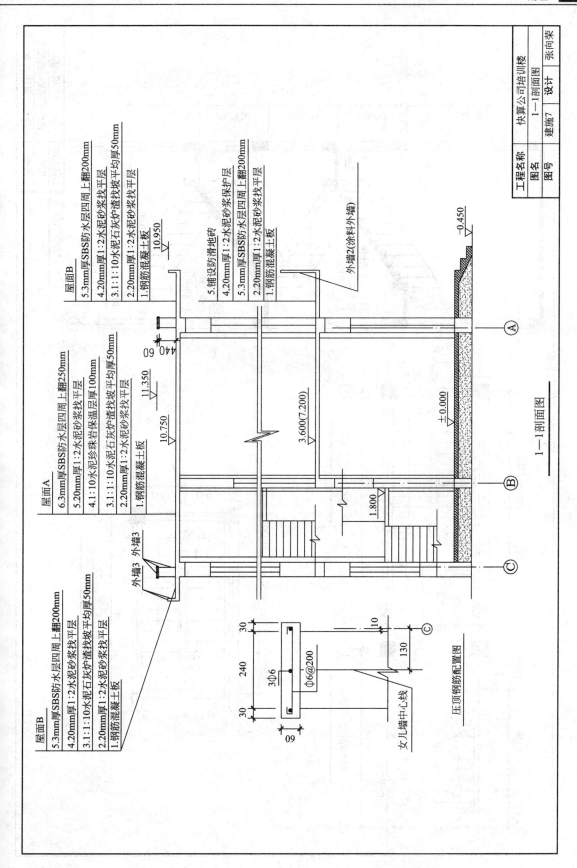

屋面B
5.3mm厚SBS防水层四周上翻200mm
4.20mm厚1:2水泥砂浆找平层
3.1:1:10水泥石灰炉渣找坡平均厚50mm
2.20mm厚1:2水泥砂浆找平层
1.钢筋混凝土板

屋面B
5.3mm厚SBS防水层四周上翻200mm
4.20mm厚1:2水泥砂浆找平层
3.1:1:10水泥石灰炉渣找坡平均厚50mm
2.20mm厚1:2水泥砂浆找平层
1.钢筋混凝土板

屋面A
6.3mm厚SBS防水层四周上翻250mm
5.20mm厚1:2水泥砂浆找平层
4.1:10水泥珍珠岩保温层厚100mm
3.1:1:10水泥石灰炉渣找坡平均厚50mm
2.20mm厚1:2水泥砂浆找平层
1.钢筋混凝土板

5.铺设防滑地砖
4.20mm厚1:2水泥砂浆保护层
5.3mm厚SBS防水层四周上翻200mm
2.20mm厚1:2水泥砂浆找平层
1.钢筋混凝土板

外墙2(涂料外墙)

外墙3

10.950

11.350
10.750

10.950

±0.000

3.600(7.200)

1.800

−0.450

Ⓐ Ⓑ Ⓒ

1—1剖面图

60 40 60

240 30 30

3φ6
φ6@200
09
10
130
Ⓒ

女儿墙中心线

压顶钢筋配置图

工程名称　快算公司培训楼
图名　1—1剖面图
图号　建施7　设计　张向荣

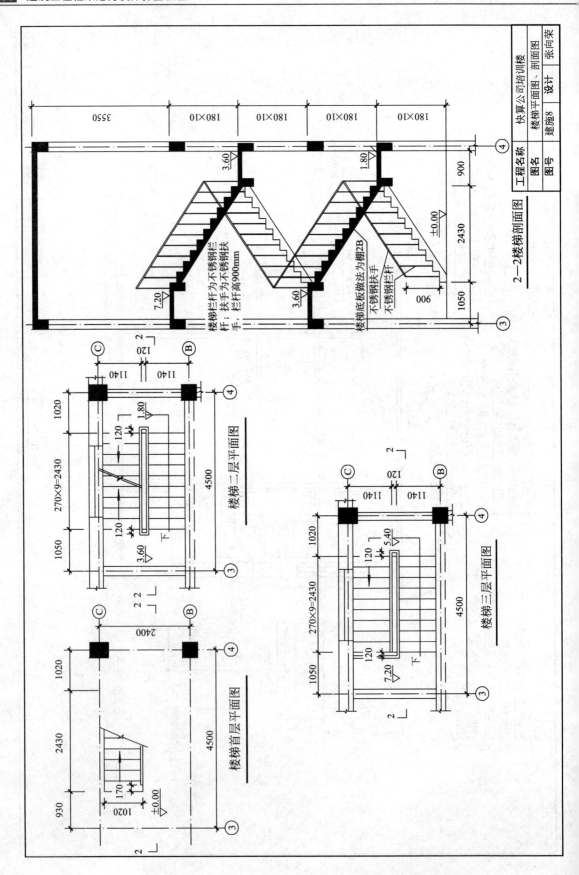

结构设计总说明（一）

一、工程概况

1. 项目名称：快算公司培训楼。

2. 建筑性质：框架结构，地上三层，基础为板式筏板基础。

二、自然条件

1. 抗震设防烈度：8 度。

2. 抗震等级：二级。

三、场地的工程地质条件

1. 本工程专为教学使用设计，无地勘报告。

2. 基础按筏板基础梁设计，采用天然地基，地基承载力特征值 $f_{ax}=160$ kPa。

3. 本工程±0.000 相当于绝对标高暂定为×.×××。

四、本工程设计所遵循的标准、规范、规程

1. 《建筑结构可靠度设计统一标准》　（GB 50068—2008）

2. 《建筑结构荷载规范》　（GB 50009—2012）

3. 《混凝土结构设计规范》　（GB 50010—2010）

4. 《建筑抗震设计规范》　（GB 50011—2010）

5. 《建筑地基基础设计规范》　（GB 50007—2011）

6. 《混凝土结构施工图平面整体表示方法制图规则和构造详图》
　（11G101—1）

7. 《混凝土结构施工图平面整体表示方法制图规则和构造详图》
　（11G101—2）

8. 《混凝土结构施工图平面整体表示方法制图规则和构造详图》
　（11G101—3）

五、设计采用的活荷载标准值（见表 3）

表 3　活荷载标准值

名称	部位	活荷载标准值/（kN/m²）
屋面	不上人屋面	0.5
楼面	首层地面堆载	3.0
	楼梯	3.5

六、主要结构材料

1. 钢筋及手工焊匹配的焊条（见表 4）

表 4　钢筋及焊条

钢筋级别	HPB300	HRB400
符号	Φ	Φ
强度设计值/（N/mm²）	270	360
焊条	E43 型	E50 型

工程名称	快算公司培训楼		
图名	结构设计总说明		
图号	结总1	设计	张向荣

结构设计总说明（二）

2. 混凝土强度等级（见表 5）

表 5 混凝土强度等级

部位	混凝土强度等级
基础垫层	C15
一层～屋面主体结构柱、梁、板、楼梯	C30
其余各结构构件构造柱、过梁、圈梁等	C20

七、钢筋混凝土结构构造

本工程采用国家标准图《混凝土结构施工图平面整体表示方法制图规则和构造详图》图中未注明的构造要求应按照标准图的有关要求执行。

1. 最外层钢筋的混凝土保护层厚度见表 6。

表 6 最外层钢筋的混凝土保护层厚度　　mm

环境类别	板、墙	梁、柱
一	15	20
二 a	20	25
二 b	25	35

注：1. 表中混凝土保护层厚度指最外层钢筋外边缘至混凝土表面的距离。
2. 构件中的受力钢筋的保护层厚度不应小于钢筋的公称直径。
3. 基础底面钢筋的保护层厚度，不应小于 40mm。

2. 钢筋的接头形式及要求

（1）纵向受力钢筋直径≥16mm 的纵筋应采用等强机械连接接头，接头应 50％错开；接头性能等级不低于 II 级。

（2）当采用搭接时，搭接长度范围内应配置箍筋，箍筋间距不应大于搭接钢筋较小直径的 5 倍，且不应大于 100mm。

3. 钢筋锚固长度和搭接长度见图集 53、55 页。当采用 HPB300 级筋时，端部另加弯钩。

4. 钢筋混凝土现浇楼（屋）面板：

除具体施工图中有特别规定者外，现浇钢筋混凝土板的施工应符合以下要求：

（1）板的底部钢筋不得在跨中搭接，其伸入支座的锚固长度≥5d，且应伸过支座中心线，两侧板配筋相同者尽量拉通。纵向钢筋当采用 HPB300 级钢筋时端部另设弯钩。

（2）板的边支座负筋在梁或墙内的锚固长度应满足受拉钢筋的最小锚固长度 L_a，且应延伸到梁或墙的远端。

（3）双向板置于下排，短跨钢筋置于下排，长跨钢筋置于上排。

工程名称	快算公司培训楼
图名	结构设计总说明（二）
图号	结总2　设计　张向荣

结构设计总说明（三）

（4）当板底与梁底平时，板的下部钢筋伸入梁内需弯折后置于梁的下部纵向钢筋之上。

（5）板上孔洞应预留，结构平面图中只表示出洞口尺寸＞300mm 的孔洞，施工时各工种必须根据各专业图纸配合土建预留全部孔洞，不得后凿。当孔洞尺寸≤300mm 时，洞边不再另加钢筋，板内钢筋由洞边绕过，不得截断。当洞口尺寸＞300mm 时，应按平面图要求加设洞边附加钢筋或梁。当平面图未交待时，应按下图要求加设洞边板底附加钢筋，两侧加筋面积不小于被截断钢筋面积的一半。加筋的长度为单向板受力方向或双向板的两个方向沿跨度通长，并锚入支座＞$5d$，且应伸至支座中心线。单向板非受力方向的洞口加筋长度为洞口宽加两侧各 $40d$，且应放置在受力钢筋之上，见图 1。

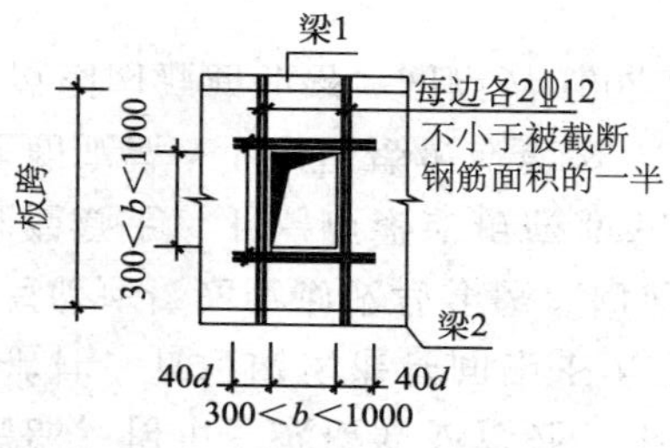

图1

（6）板内分布钢筋（包括楼梯板），除注明者外，分布钢筋直径、间距见表 7。

表 7　分布钢筋

楼板厚度	＜100	100～120
分布钢筋	ф6@200	ф6@150

5. 钢筋混凝土楼（屋）面梁

主次梁相交（主梁不仅包括框架梁）时，主梁在次梁范围内仍应配置箍筋，图中未注明时，在次梁两侧各设 3 组箍筋，箍筋肢数、直径同主梁箍筋，间距 50，附加吊筋详见各层梁配筋平面图。

八、填充墙

1. 填充墙的平面位置和做法见建筑图。

2. 填充墙与混凝土柱、墙间的拉结钢筋，应按建施图中填充墙的位置预留，拉结筋沿墙全长布置。填充墙与框架柱，剪力墙或构造柱拉结筋详《12G614—1》。

工程名称	快算公司培训楼		
图名	结构设计总说明（三）		
图号	结总3	设计	张向荣

结构设计总说明（四）

3. 填充墙构造柱设置位置详见建施图，构造柱设置应满足以下要求：墙端部、拐角、纵横墙交接处、十字相交以及墙长超过4m均设加设构造柱，直段墙构造柱间距不大于4m。截面配筋见图

2. 构造柱与墙连接处应砌成马牙槎，构造柱钢筋绑好后，先砌墙后浇构造柱混凝土，上端距梁或板底60mm高用原有混凝土填实，构造柱主筋应锚入上下层楼板或梁内，锚入长度为 L_a。其上下端600mm范围内箍筋加密，间距为100。

4. 门窗洞顶过梁做法：在各层层门窗洞顶标高处，应设置过梁，过梁配筋见表8：

表 8　过梁配筋

配筋示意	门、窗洞宽 B	B≤1200 h=100		1200<B≤24000 h=200		2400<B≤4000 h=300	
	梁宽 b＝墙厚	b≤200	b>200	b≤200	b>200	b≤200	b>200
	①号筋	2 Φ10	3 Φ10	2 Φ12	3 Φ12	2 Φ14	3 Φ14
	②号筋	2 Φ12	3 Φ12	2 Φ14	3 Φ14	2 Φ16	3 Φ16
	③号筋	2 Φ6@100		2 Φ6@100		2 Φ8@150	

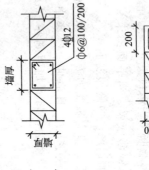
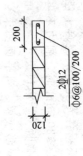

图2　填充墙构造柱配筋图

工程名称	快算公司培训楼		
图名	结构设计总说明（四）		
图号	结总4	设计	张向荣

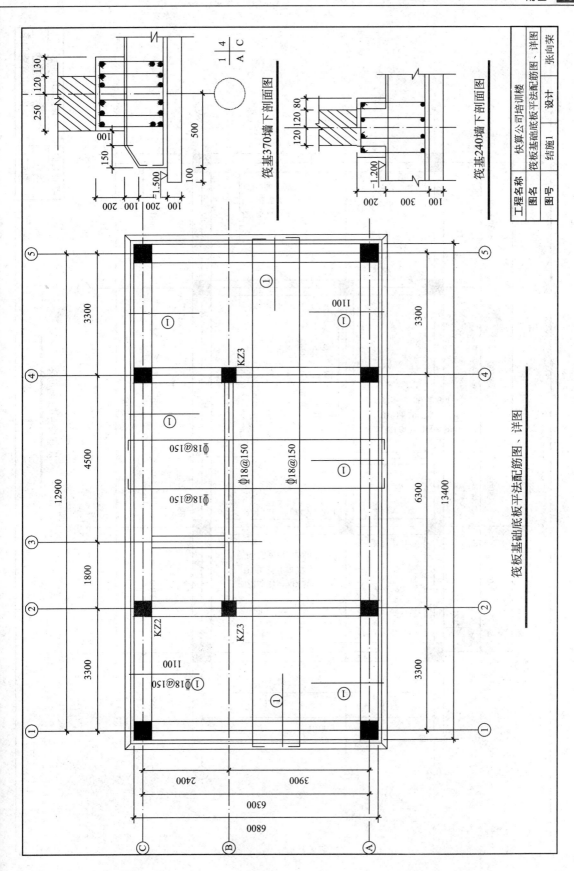

筏板基础底板平法配筋图·详图

工程名称	快算公司培训楼		
图名	筏板基础底板平法配筋图·详图		
图号	结施1	设计	张向荣

筏基370墙下剖面图

筏基240墙下剖面图

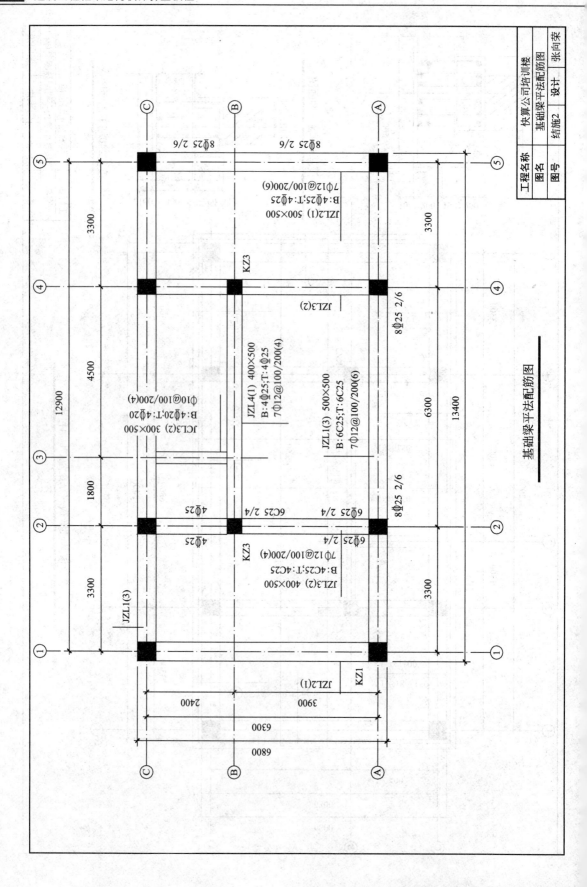

基础梁平法配筋图

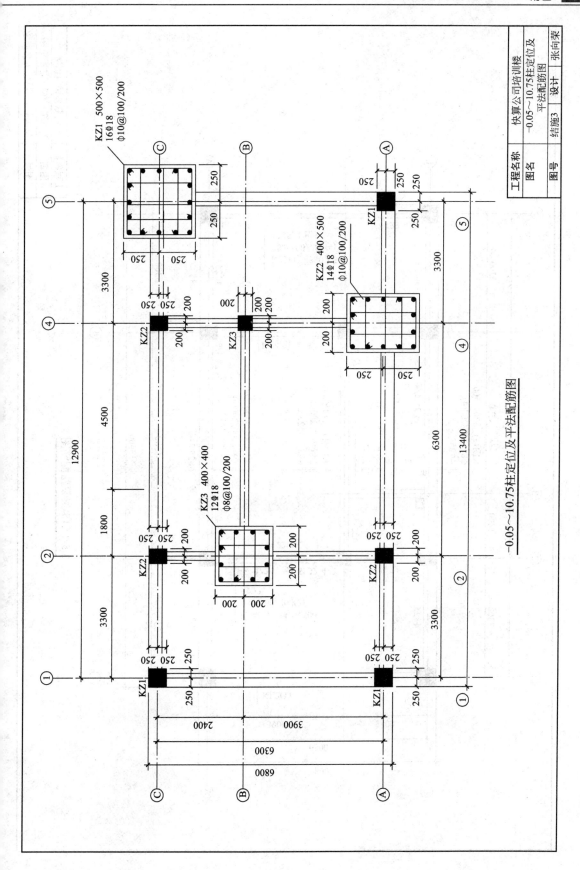

−0.05~10.75柱定位及平法配筋图

工程名称	快算公司培训楼	设计	张向荣
图名	−0.05~10.75柱定位及平法配筋图		
图号	结施3		

KZ1 500×500
16Φ18
Φ10@100/200

KZ2 400×500
14Φ18
Φ10@100/200

KZ3 400×400
12Φ18
Φ8@100/200

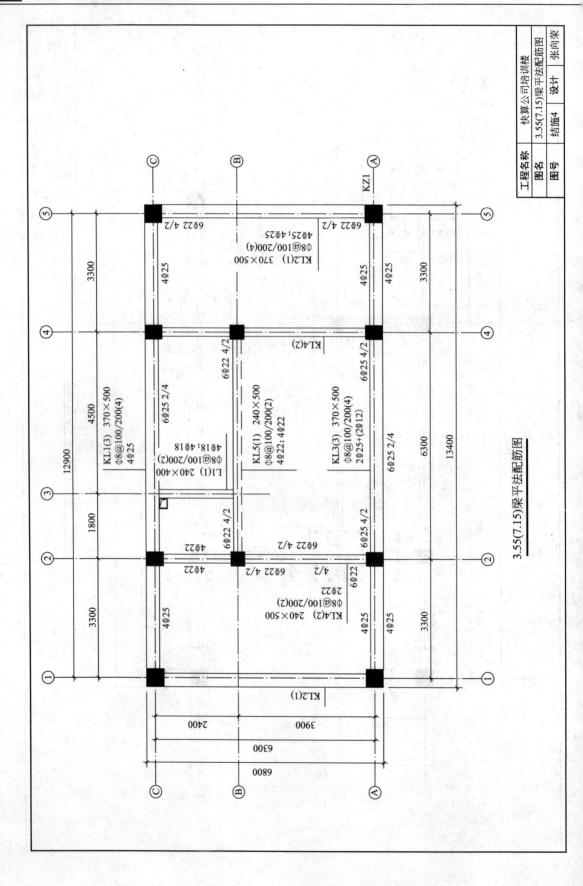

3.55(7.15)梁平法配筋图

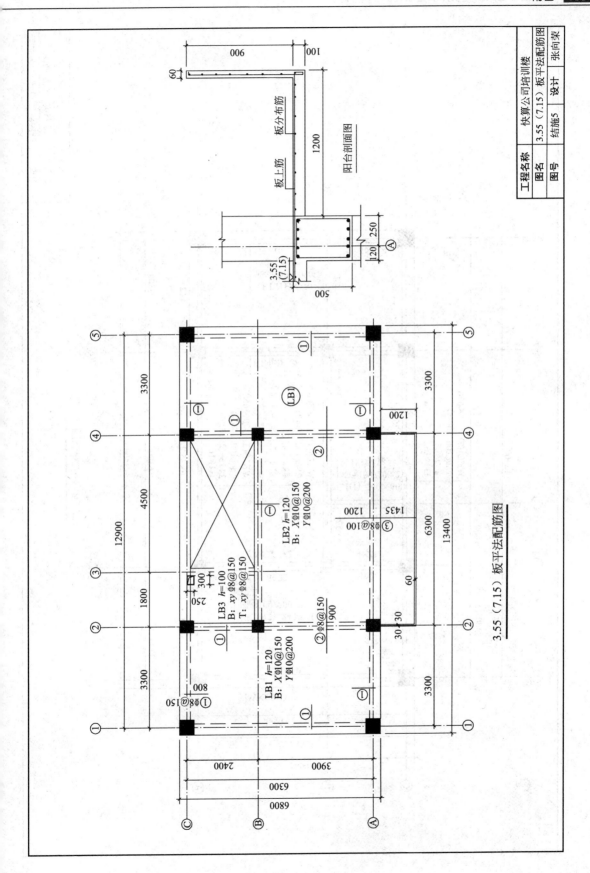

阳台剖面图

板上筋　板分布筋

3.55（7.15）板平法配筋图

工程名称	快算公司培训楼		
图名	3.55（7.15）板平法配筋图	设计	张向荣
图号	结施5		

LB1 *h*=120
B: X Φ10@150
　Y Φ10@200

LB2 *h*=120
B: X Φ10@150
　Y Φ10@200

LB3 *h*=100
B: xy Φ8@150
T: xy Φ8@150

LB1

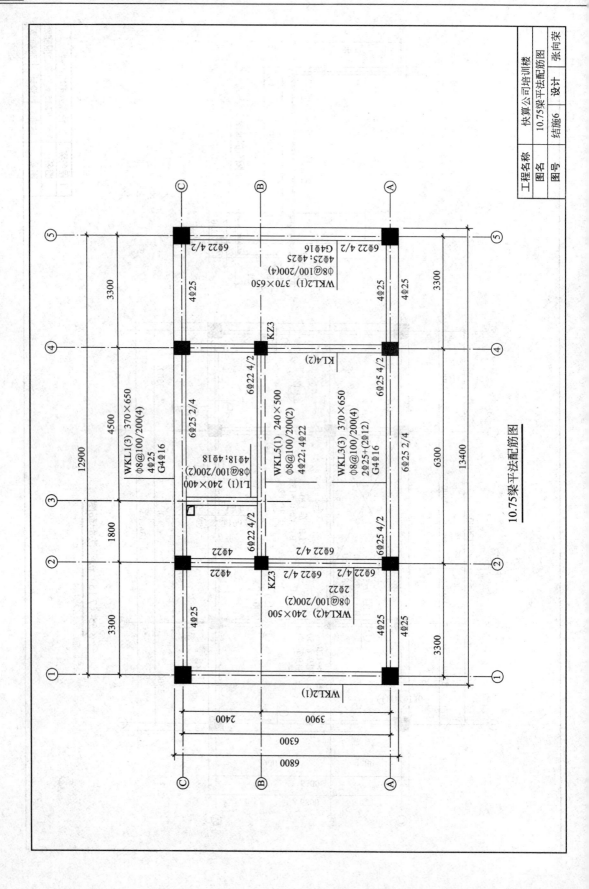

10.75梁平法配筋图

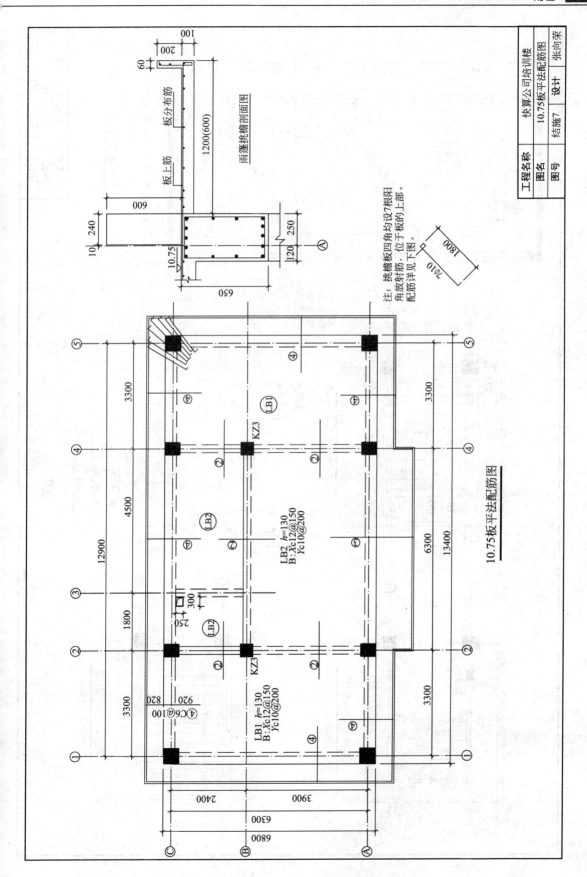

工程名称	快算公司培训楼
图名	10.75板平法配筋图
图号	结施7	设计	张向荣

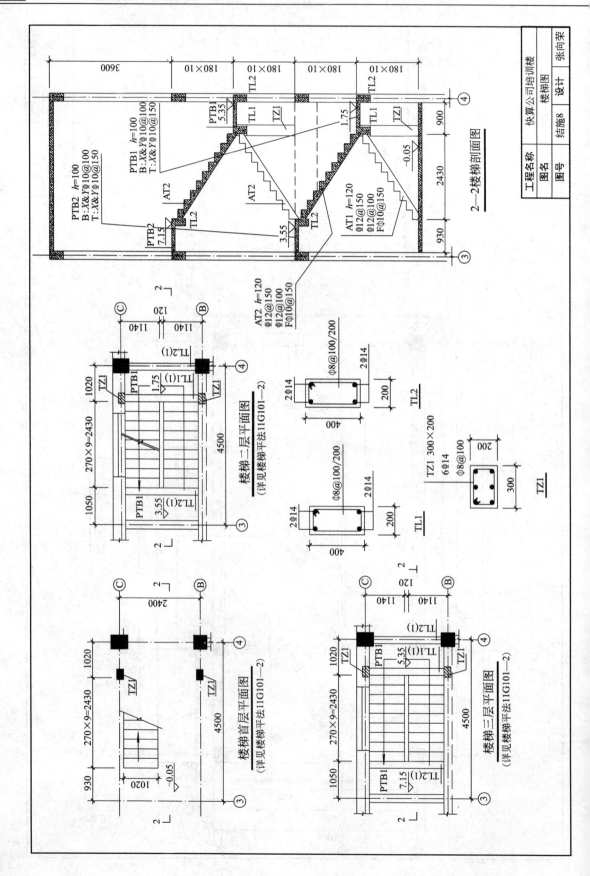